Python 热传导分析有限元基础实践

叶 欣 杨 瑾 陈捷狮 梁 瑛 著

哈尔滨工程大学出版社
Harbin Engineering University Press

内容简介

本书主要介绍焊接传热学的基础知识及其在焊接温度场分析中的应用。热传导是焊接传热过程中热量的主要传递方式之一。本书基于拉格朗日-伽辽金有限元方法和高斯积分进行热传导方程求解，并且利用 Python 语言，以高斯热源方程简化焊接热源，编写一维瞬态焊接热循环计算实例。

本书通过实例介绍与讲解，能够为焊接技术与工程专业学生提供焊接传热学理论与贴近理论的练习与实践。

本书可作为高等院校材料加工工程专业学生的教材或参考用书，也可作为从事材料热加工方向数值分析工作的工程技术人员学习和培训使用 Python 有限元计算的初、中级应用教材。

图书在版编目（CIP）数据

Python 热传导分析有限元基础实践 / 叶欣等著.
哈尔滨 : 哈尔滨工程大学出版社，2025. 2. -- ISBN
978-7-5661-4636-6

Ⅰ. O551.3-39;O241.82-39

中国国家版本馆 CIP 数据核字第 2025K0S715 号

Python **热传导分析有限元基础实践**
Python RECHUANDAO FENXI YOUXIANYUAN JICHU SHIJIAN

选题策划	宗盼盼
责任编辑	姜　珊
封面设计	李海波

出版发行	哈尔滨工程大学出版社
社　　址	哈尔滨市南岗区南通大街 145 号
邮政编码	150001
发行电话	0451-82519328
传　　真	0451-82519699
经　　销	新华书店
印　　刷	哈尔滨市海德利商务印刷有限公司
开　　本	787 mm×1 092 mm　1/16
印　　张	7.5
字　　数	181 千字
版　　次	2025 年 2 月第 1 版
印　　次	2025 年 2 月第 1 次印刷
书　　号	ISBN 978-7-5661-4636-6
定　　价	38.00 元

http://www.hrbeupress.com
E-mail:heupress@ hrbeu.edu.cn

前　　言

在焊接传热与焊接数值模拟的学习、研究与教学过程中，人们利用有限元方法解决了一些焊接温度场、热循环、热影响区、组织相变、热变形、热应力等问题，但是在实际应用与理论指导之间，一直存在着一道无奈的鸿沟。

现在有限元数值计算软件的设计已经十分成熟，并在诸多专业领域实现了商业化实践。有的软件专业化较高，为降低合用门槛，其包含了许多预设，使得初学者可以很快地在某个细分领域进行计算分析；而有的软件需要二次开发，好在在多年的技术积累下有较多现成的专有代码可以利用，只要修改一些参数就可以解决大部分的常用问题，但是操作越方便，与相关理论的距离就越远，于是开发者与使用者之间慢慢产生了分隔，不再像之前那样需要充分掌握相关理论，才能计算分析相关问题。

焊接数值模拟的理论学习过程，需要从热传导问题的数学解析方法开始，在此过程中会针对板厚大小、热源种类、接头形势等设置一些经验参数，然后代入经验方程进行计算。甚至在缺乏电子计算机的时代，还应用了计算卡、计算尺、图解法等方法进行解析。这些经验方程是通用理论方程的变化，也是前人宝贵的知识财富。现今我们遇到的问题更加复杂，对精度的要求也更高，工件形状与接头类型已超过经验参数的分类办法，多场耦合的问题变得越来越普遍，使得现在的焊接工程师们，需要根据传热学原理，开发新的工具，以解决新的问题。

热传导公式、偏微分方程、有限元方法、算法设计、程序编译，以及焊接温度场问题亟须研究人员解决。一方面是实际操作中知识积累缓慢，另一方面是理论学习道阻且长。随着时间推移与技术发展，需要研究人员在运用与理论之间建立一个"支点"，以架起二者之间的桥梁。

本书选择的一维热传导问题、拉格朗日插值、高斯积分、Python 语言等，都是为这一"支点"准备的，它们是数个解题方法中学习难度相对较小，入门相对有利的选择。在此基础上的实践，可以继续扩展为更高效、更精准、更复杂的解决方案。希望能以此为踏板，吸引更多学生共同学习，携手前进。

上海工程技术大学材料科学与工程学院叶欣老师全面负责本书的撰写工作，同时杨瑾、陈捷狮、梁瑛老师共同配合完成本书的理论阐述部分。

由于著者水平有限，书中难免存在疏漏与不足之处，敬请广大读者批评指正。

著　者

2024 年 11 月

目　　录

第1章 绪 论

1.1 传热学的研究内容及其应用

1.1.1 传热学的研究内容

生活中与人类的生存关系最密切的物理过程之一是热能的传递。从现代楼宇的暖通空调到自然界的风霜雨雪的形成,从航天飞机重返大气层时壳体的热防护到电子器件的有效冷却,从一年四季人们穿着的变化到人类器官的冷冻储存等,无不与热能的传递过程密切相关。传热学(heat transfer)是研究由温差(temperature difference)引起的热能传递规律的科学。热力学第二定律指出:凡是有温差存在的地方,就有热能自发地从高温物体向低温物体传递(传递过程中的热能常称热量)。

自然界和各种生产技术领域中到处存在着温差,因此热能的传递就成为自然界和生产技术领域中一种极普遍的物理现象。这里的热能传递规律,主要是指单位时间内所传递的热量(热能的多少)与物体中相应的温度差之间的关系,反映这种规律的第一层次的关系式称为热量传递的速率方程(rate equation),在本章的讨论中将给出热量传递的三种基本方式在一定简化条件下的速率方程。反映这种规律的更深层次的研究是找出不同条件下物体中各点的温度分布,这将在以后的有关章节中介绍。

1.1.2 传热学研究中对空间与时间的假定

在本书研究的范围内,将假定所研究的物体中的温度、密度、速度、压力等物理参数都是空间的连续函数。对于气体,只要被研究物体的几何尺度远大于分子间的平均自由程,这种连续体的假定总是成立的。一个物理大气压、室温下的空气分子的平均自由程约为 0.07 nm(1 μm = 1.0×10⁻⁶ m)。由此可见,除非研究到微米级别的几何尺度中的热量传递现象,或者高空极其稀薄气体中热量传递问题,常规尺度的物体都满足这一假定。

假定热量传递过程所发生的时间间隔远大于物体内的微观粒子在经受扰动后恢复平衡状态所需的时间。后者的数值一般很小,如对铜和铁,在 1.0×10⁻⁴ ~ 1.0×10⁻¹⁵ 的数量级,因此大多数工程问题都能满足这一假定。但是对于激光快速处理,可能就无法满足这一条件,这将在非稳态导热部分简要提及。

1.1.3 传热学与工程热力学的关系

传热学与工程热力学都是研究与热现象有关的科学,在我国工程教育界将这两门课程合称为热工课程。这两个学科领域研究内容的区别可以从以下几个方面来说明。

首先，最根本的区别是：工程热力学研究的是处于平衡状态的系统，其中不存在温差或者压力差，而传热学研究的正是有温差存在时的热能传递规律。以将一个钢锭从 1 000 ℃ 在油槽中冷却到 100 ℃ 的过程为例，热力学可以告诉我们每千克的钢锭在这一冷却过程中散失的热量是多少。假定钢锭的比热容为 450 J/(kg·K)，每千克钢锭损失的热力学能为 1 kg×450 J/(kg·K)×(1 000−100)K = 405 kJ。但是，热力学无法告诉我们达到这一温度需要多长时间，因为这一时间取决于油槽的温度、油的运动情况、油的物理性质等，这正是传热学的研究内容。其次，上面的根本区别反映在热力学与传热学中广泛使用的物理参数单位上是：在热力学的各个物理量（如焓、热力学能、熵、比热容等）中都不包含时间，而传热学的主要物理量都以时间作为分母，即单位时间内能传递多少热能。

传热学与工程热力学有着密切的关系，分析任何热量传递过程都要用到热力学第一定律，即能量守恒定律。热力学第一定律的表达式可以对封闭系统（closed system）写出，也可以对开口系统（open system）写出。对于每种系统又有稳态（steady state）和非稳态（unsteady state）两种情形。从热量传递的角度，所谓稳态过程是指系统中各点的温度不随时间的改变而改变的过程，而非稳态过程中各点的温度则因时间而异。以后在分析固体中的导热过程时要用到封闭系统的热力学第一定律表达式，而研究对流传热过程时则采用开口系统的表达方式。此外，在研究热能从一种介质传递到另一种介质时，在两种介质的分界面上也要用到能量守恒的原则。在传热学文献中经常使用"能量平衡"或者"热平衡"（energy or heat balance）这一术语，实际上这就是热力学第一定律的简单称谓。

热量传递过程的动力是温度差，热能总是由高温处向低温处传递。两种介质或者同一物体的两部分之间如果没有温差就不可能有热量的传递，而这正是热力学第二定律所规定的基本内容。热力学第二定律指出，传热温差是一种不可逆损失；传热学中则研究如何在一定的传热温差下增加传热量的方法，也就是要减少为传递一定的热量所需的温差，以减少传热的不可逆损失。因此，工程热力学的第一、第二定律是进行传热学研究的基础。

1.1.4 传热学在科学技术各个领域中的应用

传热学在科学技术各个领域中都有十分广泛的应用。尽管各个科学技术领域中遇到的传热问题形式多样，但大致上可以归纳为以下三种类型的问题。

（1）强化传热（heat transfer enhancement），即在一定的条件（如一定的温差、体积、质量或泵功等）下增加所传递的热量。

（2）削弱传热（heat transfer reduction），或称热绝缘，即在一定的温差下使热量的传递减到最小。

（3）温度控制（temperature control），为使一些设备能安全经济地运行，或者为得到优质产品，要对热量传递过程中物体关键部位的温度进行控制。

强化传热类型的问题可以以家用空调器为例。近 30 年，家用空调器的尺寸在不断地缩小，所需的能耗也有所降低，这主要归功于强化传热研究的成果。我们知道，蒸气压缩式的空调器由压缩机、膨胀阀、冷凝器及蒸发器（简称两器）组成，其中两器的体积占了空调器体积的大部分。在两器中，制冷剂在管内凝结或者蒸发，空气在管外冷却或者加热制冷剂。

无论是强化空气侧的传热研究还是强化制冷剂侧的传热研究都有长足的进步,促使空调器的尺寸不断缩小,能耗不断减少。

热绝缘类型的问题对于高温设备,目的是减少散热损失(heat loss),对于低温设备,则是减少冷量的损失,或称减少漏热(heat leak)。以保存液氮、液氧的低温容器(杜瓦瓶)为例,由于采取了各种减少热量传递的措施,因此可以使得在垂直于杜瓦瓶壁面方向的热量传递减少到采取措施前的千分之一,甚至更少,从而有效地防止位于瓶中低温液体的蒸发,减少能量损失。这两类问题都关系到节约能源问题。据估计,世界上的自然能源在被利用过程中大约 80% 需要经过热能转换的环节,因此热能的高效传递方法的研究对于节约能源具有重要意义。能源问题是我国中长期科学技术发展规划中第一个提到的论题,节约能源是实现我国能源可持续发展的重要国策。

温度控制类型的问题可以以电子器件的冷却和航天器重返大气层时的热防护为例。随着大规模集成电路技术的迅速发展,电子芯片单位面积的功率不断增加,及时将器件的功耗所产生的热量排出,以保持器件一定的工作温度已经成为当前电子技术进一步发展的关键问题。据统计,当前电子器件损坏的主要原因是热损坏,即工作温度超过允许的数值。芯片的有效冷却已经成为进一步提高个人计算机(personal computer,PC)与笔记本电脑性能的瓶颈问题。目前,从总体上说,芯片的冷却正在经历着从空气冷却(风冷)向液体直接冷却的技术发展。航天飞机在重返地球时,以当地声速的 15~20 倍的极高速度进入大气层,由于气体的黏性阻滞作用产生的大量热量会使飞行器表面(特别是前缘)受到剧烈的加热[称为气动加热(aero-heating)]。例如,当飞行速度为当地声速的 20 倍时,飞行器前缘点的温度可达 10 000 K,如何在这样恶劣的工作条件下对飞行器进行热防护(thermal protection),是航天飞机设计中的关键问题。美国哥伦比亚号航天飞机失事就是由热保护瓦的脱落造成的。还可指出,人的衣着随季节的变化就涉及上面所属的三种类型的问题:在冬天利用保温性能好的衣服来减少人体向外界散热,在夏天则是通过裸露较多的皮肤以及穿白色的衣服增加人体向外界散热,而这样做的目的都是要把人体的温度控制在一定的范围以内。

由于传热学在科学技术领域中的应用广泛,因此它已成为许多工科专业的一门基础技术课程。

1.2　计算机的作用

如上所述,在 20 世纪 50 年代初期以前,矩阵法以及与之相关的有限元方法无法用于复杂问题的求解。尽管有限元方法已经用来描述复杂的结构,但应用有限元方法进行结构分析时得到的大量代数方程无法快速求解,使得该方法难以应用于实际中。然而,计算机的出现实现了几分钟时间内完成几千组方程的求解。

第一台现代商用计算机是诞生于 20 世纪 50 年代的 UNIVAC,IBM 701,它是一台真空管计算机。伴随着 UNIVAC 产生了穿孔卡片技术,程序和数据都需要建立在卡片上。20 世纪 60 年代,由于价格、质量、功耗以及可靠性因素,晶体管技术取代了真空管技术。1969 年至 20 世纪 70 年代晚期,集成电路技术的兴起大大提高了计算机的运行速度,这使得利用有限元技术求解具有更多自由度的大规模问题变得可行。20 世纪 70 年代晚期到 80 年代,大规模集成电路以及具有视窗式图形用户界面和鼠标的工作站问世。第一个计算机鼠标于 1970 年 11 月 17 日获得了专利权。个人计算机在桌面计算机的销售基中占据较大份额。网络计算时代与这些同时兴起的技术推动了互联网和万维网的产生。20 世纪 90 年代发布的 Windows 操作系统通过集成图形用户界面使国际商业机器公司(Internet Business Machines Corporation,IBM)及其兼容的个人计算机使用更为方便。

计算机的发展带动了计算机程序的发展,大量专用和通用程序开发出来用以处理各种复杂的结构和非结构问题。实际上,有限元计算机程序已经能够运行在单处理器计算机上,例如,单台台式或便携式个人计算机,或者计算机集群。个人计算机的大容量内存和高效的解题程序,使其能够胜任具有上百万未知量的问题求解工作。使用计算机进行求解时,分析人员需要提供确定的有限元模型,并将其相关信息输入计算机。这些信息包括单元节点坐标的位置、单元相互连接的方式、单元的材料性能、外加荷载、边界条件或约束条件,以及要进行分析的类型。计算机将利用这些信息生成相关分析所需要建立的方程并进行求解。

1.3　有限元方法的应用

有限元方法可用于结构以及非结构问题的分析。

1. 典型的结构问题

(1)应力分析,包括桁架和框架分析(如步行桥、高层建筑框架和风力发电机塔),以及孔、圆角或物体(如汽车零件、压力容器、医疗器械、航空器以及运动器材)内几何形状改变相关的应力集中问题。

(2)屈曲,如柱、框架和容器中。

(3)振动分析,如振动设备中。

(4)碰撞问题,包括车辆碰撞、子弹撞击和物体坠落及其撞击对象的分析。

2. 典型的非结构问题

(1)热传递,如在个人计算机微处理器芯片中电子设备热辐射,发动机和散热器的散热片中。

(2)流体流动,包括多孔材料的渗流(如水坝中的渗水)、凉水池、运动场馆等通风系统、绕赛车、帆船和冲浪板等的空气流动。

(3)电势或磁势的分布,如在天线和晶体管中。

此外,有限元方法也应用于某些生物力学工程领域(可能包含应力分析),通常包括人的脊柱、头骨、股关节、颌移植、树胶牙齿移植、心脏和眼的分析。

1.4 有限元方法的优点

如前文所述,有限元方法已广泛应用于各个领域,既包括结构问题,也包括非结构问题。有限元方法有很多优点,因而应用越来越广泛,其包括以下优点。

(1)便于模拟不规则形状的结构。

(2)易于处理一般的荷载条件。

(3)因为单元方程是单个建立的,所以可以模拟由几种不同材料构成的物体。

(4)能够处理各种数量和类型的边界条件。

(5)单元的大小是可变的,必要时可以使用小单元。

(6)改变有限元模型比较容易,代价不大。

(7)可包括动力效应。

(8)可处理大变形和非线性材料带来的非线性问题。

结构有限元分析使得设计者能够在设计过程中检测应力、振动和热应力问题,以在构造原型之前对设计方案做出评估,从而增强对原型可接受性的信心。此外,如果使用得当,有限元方法还可以减少所需构造的原型的数量。

虽然有限元方法最初仅用于结构分析,但目前已得到完善并可适用于工程学和数学物理学领域中的其他学科,如流体流动、热传导、电磁势、土壤力学和声学。

1.5 有限元方法的计算机程序

通常,使用计算机进行有限元方法求解问题的方法有两种。一种是使用大型的商业程序,这些通用型的程序可用来解决多种类型的问题;很多能够在个人计算机上运行的另一种方法是建立多个小型的专用程序以解次特定的问题。本节将讨论上述两种方法的优点和缺点。然后列举某些可用的通用程序及其标准功能。

1.通用程序的优点

(1)良好的输入界面,程序设计时考虑到了用户使用的方便性。用户不需要具有计算机软件或硬件的专业知识。易于使用的预处理程序有助于用户创建有限元模型。

(2)通用程序是一个庞大的系统,同样的输入格式常常可以用于求解各种规模和类型的问题。

(3)很多程序可通过增加新问题和新技术的求解模型加以扩充。这样只要付出很小的代价就可以跟随潮流的发展。

(4)随着 PC 内存容量和计算效率的提升,很多通用程序已经可在微机上运行。

(5)许多商用程序价格诱人,并且可以求解多种问题。

2.通用程序的缺点

(1)开发通用程序的初始成本很高。

（2）通用程序对每个问题要做很多检查,而专用程序不需要做如此多的检查,因此通用程序效率没有专用程序高。

（3）许多程序拥有专用权,因此用户无权触及程序的逻辑。如果需要进行修改,只能由开发人员来完成。

3. 专用程序的优点

（1）专用程序通常相对较小,因此开发费用较低。

（2）专用程序可运行于小型计算机。

（3）专用程序易扩充,并且成本低。

（4）专用程序求解问题效率高,因为它们是专门设计用来求解此问题的。

4. 专用程序的缺点

专用程序的主要缺点是无法解决不同类型的问题。因此,有多少类型的问题需要求解,就需要有多少个程序。

1.6 Python 简 介

Python 是一种解释型、面向对象、动态的高级程序设计语言。自从 20 世纪 90 年代初 Python 语言诞生至今,其逐渐被广泛应用于处理系统管理任务和开发 Web 系统。目前 Python 已经成为最受欢迎的程序设计语言之一。

由于 Python 语言具有简洁、易读以及可扩展性,因此使用 Python 做科学计算的研究机构日益增多,一些知名大学已经采用 Python 教授程序设计课程。众多开源的科学计算软件包都提供了 Python 的调用接口,例如,计算机视觉库 OpenCV、三维可视化库 VTK、复杂网络分析库 igraph 等。而 Python 专用的科学计算扩展库就更多了,例如,3 个十分经典的科学计算扩展库:NumPy、SciPy 和 matplotlib,它们分别为 Python 提供了快速数组处理、数值运算以及绘图功能。因此,Python 语言及其众多的扩展库所构成的开发环境十分适合工程技术、科研人员处理实验数据、制作图表,甚至开发科学计算应用程序。近年来,随着数据分析扩展库 Pandas、机器学习扩展库 scikit-leam 以及 IPythonNotebook 交互环境的日益成熟,Python 也逐渐成为数据分析领域的首选工具。

科学计算,首先会被提到的可能是 MATLAB。除一些专业性很强的工具箱目前还无法替代之外,MATLAB 的大部分常用功能都可以在 Python 世界中找到相应的扩展库。和 MATLAB 相比,用 Python 做科学计算有如下优点。

首先,MATLAB 是一款商用软件,并且价格不菲,而 Python 完全免费,众多开源的科学计算库都提供了 Python 的调用接口。用户可以在任何计算机上免费安装 Python 及其绝大多数扩展库。

其次,与 MATLAB 相比,Python 是一门更易学、更严谨的程序设计语言。它能让用户编写出更易读、更易维护的代码。

最后,MATLAB 主要专注于工程和科学计算。然而即使在计算领域,也经常会遇到文件管理、界面设计、网络通信等各种需求,而 Python 有着丰富的扩展库,可以轻易完成各种高级任务,开发者可以用 Python 实现完整应用程序所需的各种功能。

第 2 章　焊接有限元模拟仿真

2.1　焊接传热学基础

焊接经历加热、熔化(热塑状态)和连续冷却等过程。热的传播贯穿焊接整个过程,并对焊接质量和生产率的提高具有重要影响。

如图 2.1.1(a)所示,在焊接温度场分析中,常用正态分布的高斯热源进行计算。又如图 2.1.1(b)所示,得到一个以焊缝中心对称分布的温度场云图。热源中心温度超过金属熔点,附近较小区域内温度也远高于远离热源的区域。热源移动方向前方,等温线密集,表明温度迅速升高。热源移动方向后方,等温线较为稀疏,表明温度下降速度较为缓慢。

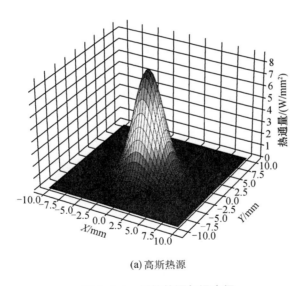

(a)高斯热源

图 2.1.1　焊接热源与温度场

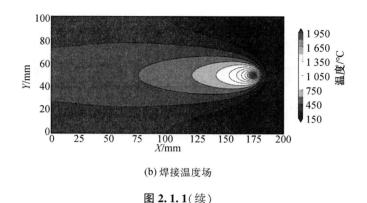

(b) 焊接温度场

图 2.1.1(续)

2.1.1 焊接热过程特点

焊接热过程比一般热处理的热过程更加复杂,其主要表现为以下三个特性。

1. 焊接热过程的局部集中性

熔化焊时,热源集中作用于焊件接口部位,在短时间内被加热至熔化,使之形成焊接接头。即焊接加热的不是焊件整体,而是热源直接作用下的局部地区。焊件加热及冷却极不均匀,这增加了分析难度。

2. 焊接热过程的瞬时性

在高度集中的热源作用下,焊件加热速度极快(电弧焊可达 1 500 ℃/s 以上)。即在短时间内将大量热能传递给焊件。这与热处理时,工件缓慢加热的传热过程区别较大。

3. 焊接热源的运动性

焊接过程中热源是移动的,使焊件的受热区域不断变化。当焊接热源接近焊件某一点时,该点迅速升温。而随热源逐渐远离时,该点又冷却降温。这表明焊接时传热过程,是一种准稳定状态(Quasi-Stationary State)过程。

因此,以上三个特点使焊接过程中的传热问题十分复杂,焊接传热的控制因素较多,某些传热过程的数学计算难度较大。

2.1.2 焊接热源和焊接热效率

实现焊接过程,必须由外界提供相应能量。能源是实现焊接的基本条件。获得金属焊接所需能量,主要依靠热能和机械能。熔焊主要依靠热能,在此以熔焊热源为例进行分析。

熔焊工艺的发展过程,也是焊接热源的发展过程,现在已有多种焊接热源广泛应用于生产中。如从最初的气焊和碳弧焊、厚皮焊条电弧焊、埋弧自动焊和电阻焊、电渣焊和 CO_2 气体保护焊、离子焊接和真空电子束焊接、激光焊接和太阳能焊接,到晶体管万能电源、高频脉冲电源、离子束和微波等性能良好的焊接热源。随着新热源的出现,往往就会产生相应焊接工艺方法,随着科学技术不断进步,生产规模日益发展,新材料和新结构不断出现,并提出更高的焊接要求。这就需要不断地开发新的焊接热源和焊接工艺。焊接将逐步向高质量、高效率、降低劳动强度、降低能量消耗的方向发展。由此可知焊接热源的基本要求为:热量高度集中,快速实现焊接过程,并保证得到高质量的焊缝和最小的焊接热影响区。

1. 焊接热源的种类及其特点

根据上述要求,满足焊接条件的热源有以下几种。

(1)电弧热

利用气体介质中,放电过程所产生的热能作为焊接热源,是焊接应用最广泛的一种热源。

(2)化学热

利用可燃气体(乙炔、液化气),铝、镁热剂发生强烈反应时产生的热能作为焊接热源(气焊、热剂焊)。

(3)电阻热

利用电流通过导体时,产生的电阻热作为焊接热源(电阻焊、电渣焊)。

(4)摩擦热

由机械高速摩擦所产生的热能作为焊接热源(摩擦焊)。

(5)等离子焰

电弧放电或高频放电产生高度电离的气流,其携带大量的热能和动能,这些热能可作为焊接热源(等离子焊接及切割)。

(6)电子束

在真空中利用高速运动的电子,猛烈轰击金属局部表面,使其动能转为热能,可作为焊接热源。

(7)激光束

通过受激辐射而使放射增强的光(即激光),经聚焦产生的能量高度集中的激光束可作为焊接热源(激光焊接及切割)。

2. 焊接热效率和加热区热能分布

(1)焊接热效率

在焊接过程中,由热源所提供的热量并没有全部被利用于焊接,而是有一部分热量损失于金属导热、周围介质和飞溅等,即用于焊接的热量,仅为热源所提供的一部分。

①电弧焊的热效率

如果忽略电弧的电磁感应作用,设全部电能转为热能,电弧功率可由式(2.1.1)表示:

$$q_0 = UI \tag{2.1.1}$$

式中　q_0——电弧功率,即电弧在单位时间内所提供的能量;

　　　U——电弧电压;

　　　I——焊接电流。

由于存在热能损失,用于加热焊件的有效功率用式(2.1.2)表示:

$$q = \eta UI \tag{2.1.2}$$

式中　η——加热过程中的功率有效系数或称热效率。

在一定的条件下 η 值是常数,其主要决定于焊接方法、焊接规范、焊接材料和保护方式等。

同样的焊接方法,由于焊条或焊剂不同,电流变化时对 η 值也有一定的影响,因为药皮和焊剂中的稳弧剂、电离度、导热性、熔化数量等均对 η 有影响。

另外,这里所说的热效率 η 是指焊件所吸收的热量。实际上这部分热量,一方面用于熔化金属而形成焊缝,另一方面传给母材造成热影响区及其他散失热量。而热效率 η 并没有反映这两部分的比例,所以 η 值尚不能反映热能利用的合理性。

①电渣焊热效率

电渣焊时,渣池处于厚大焊件的中间,热能直接向外散失很少,主要损失于强制焊缝成形的冷却滑块。焊件厚度越大,滑块带走热能的比例越小。这说明电渣焊时,板厚越大,热效率越高。

电渣焊时焊接速度较慢,在熔化金属时,有大量热能向固态金属传导,能量不能得到合理应用,致使焊接热影响区过宽,晶粒粗大。

②真空电子束和激光焊接热效率

电子束焊接在真空中进行,因此能量损失很少,热效率可达90%以上。

激光焊接时,加热机理与电子束不同,光束照射工件表面时,一部分被吸收,另一部分被工件表面反射,吸收和反射的比例与材料种类及其表面状态有关。从激光发生器发射出的能量,被充分利用,能量损失极少。

这两种热源能量极其集中,进行焊接时,绝大部分能量均用于熔化金属(90%以上),只有很少一部分能量损失。在焊接同样焊件时,所需功率远少于其他焊接方法。

(2)焊件加热区热能分布

热源把热能传给焊件,是通过焊件上一定的加热面积进行的。对于焊接电弧,该面积称为加热斑点。如果进一步分析,这个加热斑点又可分为活性斑点区和加热斑点区。

①活性斑点

带电质点集中轰击直径为 d 的斑点面积,把电能转为热能,电流密度 j 以热源中心为中心,呈正态分布。

②加热斑点

在直径为 d 的区域内,金属受热是通过弧柱的辐射和电弧周围介质的对流而进行的。加热斑点区的热能分布不均匀,中心多而边缘少。电流密度不变时,电弧电压越高,中心与边缘的热能相差越小。如果电压不变,电流密度越大时,则中心与边缘的热能相差越大。

单位时间内通过单位面积,提供给焊件的热能称为热流密度 $q(r)$。加热斑点上的比热流分布,可以近似采用高斯曲线描述。

2.1.3　热传递的基本方式

冷热现象是自然界最普遍、最易感受的现象之一,自古以来人们就自然地对此现象积累了许多感性认识,并且不断探索这种现象的本质。但由于历史客观条件所限,在认识上还难以弄清楚,以至谬误的"热素学说"在很长的一段时期占据统治地位。18世纪末,由于蒸汽机等热力机械的发明与使用,促进了传热理论的迅速发展,牛顿、傅里叶、斯忒潘等学者先后对固体与气体接触之间的换热、固体内部的热传导,以及物体的热辐射等基本传热方式进行了研究。这些研究虽然是初步的,却是当今"传热学"的理论基础。

这里对热传递的三种基本方式——热传导、对流和辐射,进行简要讨论。

1. 热传导

热传导是由于温度不同,在导体内存在温差或温度梯度,引起自由电子移动的结果。温差越大,自由电子的移动越激烈。因此,好的导电体也是好的导热体。

热传导理论,是研究物体内部有温差存在时各部位随时间温度变化的规律。假设所研究的物体的组织结构完全致密,热能经过导体的任何断面、任何时间都是相同的,在一定的温度梯度、时间,经过一定面积所传递的热量可用式(2.1.3)计算:

$$Q = -\lambda \left(\frac{T_2 - T_1}{S} \right) At \tag{2.1.3}$$

式中　Q——传导热量;

$T_2 - T_1$——温度差,也称温差;

S——温差距离;

A——传热面积;

t——传热时间;

λ——导热系数,也称热导率。

又因任何物体都不是理想致密的,所以用式(2.1.4)来表示:

$$dQ = -\lambda \frac{\partial T}{\partial S} dA \cdot dt \tag{2.1.4}$$

单位面积、单位时间内所传递的热量为

$$dq = -\lambda \frac{\partial T}{\partial S} \tag{2.1.5}$$

2. 对流

对流是由运动的流体质点,发生相对位移,引起热能转移的现象。利用不同温度的质点,密度不同来传热,在流体受热密度变小而上浮的同时,冷的流体就会流过来补充,这样一个周而复始的过程即所谓对流。

研究对流传热时,主要以牛顿定律为根据,即传热流体的温度为 T,放于温度为 T_0 的流体中,传热面积为 A,经过时间 t,则对流传热用式(2.1.6)表示:

$$Q_c = a_c (T - T_0) At \tag{2.1.6}$$

式中　a_c——对流传热系数。

影响 a_c 的因素很多,它是一个复杂的函数,如式(2.1.7)所示:

$$a_c = f(T, T_0, \omega, \lambda, c_p, \rho, \mu, \varphi, \cdots) \tag{2.1.7}$$

式中　T——放热流体(或固体)的温度;

T_0——受热流体(或固体)的温度;

ω——流动速度;

λ——流体的导热系数;

c_p——流体的比热容;

ρ——流体的密度;

μ——流体的黏度;

φ——放热表面形状。

对流传热要比传导传热复杂得多,另外,对流传热的介质虽只是流体,但传热之间的物体,可以是固、液、气同时存在。这样就增加了研究对流传热的复杂性,并伴随有传导,以至辐射存在。

3. 辐射

辐射能是物体受热后,内部原子振动而出现的一种电磁波能量传递。一切物体只要其流度高于绝对零度($T > -273\ ℃$),就会从表面放出辐射能。辐射能主要是以热能形式发射出的一种能量。在放热体和吸热体之间的辐射是彼此往复的,只是两物体以不同的速度进行相互辐射,经过一定时间之后,两物体以同等速度辐射时,便可以达到暂时的平衡。

辐射能量 Q_o 辐照物体上后分为三部分:一部分被吸收 Q_A,一部分被反射 Q_R,一部分 Q_D 透过该物体,即

$$Q_A + Q_R + Q_D = Q_O \tag{2.1.8}$$

等式左右各除以 Q_o,则得

$$\frac{Q_A + Q_R + Q_D}{Q_O} = 1 \tag{2.1.9}$$

或

$$A + R + D = 1 \tag{2.1.10}$$

式中　$A = Q_A/Q_O$——物体的吸收率;

　　　$R = Q_R/Q_O$——物体的反射率;

　　　$D = Q_D/Q_O$——物体的穿透率。

A、R、D 的数值都是在 0~1 变化,它们的大小与物体的温度、表面情况、物体的性质、射线的波长等有关。

如果 $A = 1$,则 $R = D = 0$,说明落在物体上的全部辐射能都被该物体所吸收,这类物体叫作绝对黑体。

如果 $R = 1$,则 $A = R = 0$,即所有落在物体上的辐射能完全被该物体反射出来。一种是正常反射,称为镜体;另一种是乱反射,称为绝对白体。对于介于黑体与白体之间的物体,一律称为灰体。

如果 $D = 1$,则 $A = D = 0$,即所有落在物体上的辐射能完全透过该物体,这一类物体称为绝对透明体或透热体。

在自然界中并不存在绝对黑体、绝对白体和绝对透明体。这里所讲的黑体、白体、透明体,并不是对可见光而言,而是对热辐射线而言。如玻璃对可见光线是透明的,但对热辐射线却几乎是不透明体的。白色的物体只能反射可见光线,对于热辐射线,白布与黑布一律能吸收。

在单位时间内,物体单位表面所辐射出的能量,可根据斯忒藩–玻尔兹曼定律求得:

$$M = \sigma T^4 \tag{2.1.11}$$

式中　T——热力学温度。

　　　σ——辐射系数,根据物体的表面情况而定,对于灰体而言,$\sigma = \varepsilon\sigma_0$。

　　　ε——黑度系数,0~1:

　　　经过磨光的金属表面,$\varepsilon = 0.2 \sim 0.4$;

粗糙的金属表面,$\varepsilon=0.6\sim0.95$;

金属到达熔点时,$\varepsilon=0.9\sim0.95$。

σ_0——斯忒藩-玻尔兹曼常数,$\sigma_0=5.67\times10^{-4}$ W/$(cm^2 \cdot K^4)$。

两份物体(如热源与焊件)所处的温度不同,彼此都可发射辐射能,并且一个辐射体能吸收另一个辐射体的辐射能量。对于焊接时被焊金属与热源之间的热辐射交换,可用式(2.1.12)计算:

$$M=\varepsilon\sigma_0(T^4-T_0^4) \tag{2.1.12}$$

式中　T——热源的热力学温度;

　　　T_0——焊件的初始热力学温度。

式(2.1.12)适用于任何物体之间的辐射热交换。

以上简要讨论了热传递的三种基本方式,实际上热传递并非单纯以一种方式进行。对于焊接过程来讲,根据研究的结果,认为由热源传给焊件,除电阻焊、摩擦焊等以外,主要是以辐射和对流为主,而焊件和焊条获得热量之后,热的传播主要是以热传导为主。

焊接传热学所研究的内容,主要是焊件上温度分布和随时间变化的规律性。因此,本书以热传导为主进行讨论,同时适当考虑对流和辐射的作用。

2.1.4　焊接温度场及其影响因素

焊接时在热源的作用下,焊件各点的温度每一瞬时都在变化,在一定的焊接条件下,这种变化是有规律的。焊件上某一瞬时各点温度的分布称为温度场,它与磁场和电场有类似的概念,表达式为

$$T=f(x,y,z,t) \tag{2.1.13}$$

式中　T——工件上某一瞬时某点的温度;

　　　$x、y、z$——工件上某点的空间坐标;

　　　t——时间。

1. 焊接温度场的一般特征

可以用等温线或等温面表示温度场的分布情况。所谓等温线或等温面,就是把焊件上瞬时温度相同的各点连在一起成为一条线或一个面。各个等温线或等温面彼此不能相交,而它们之间存在温差,温差的大小可以用温度梯度来表示。

如果温度场沿此方向各点的温度逐渐增加,则温度梯度为正,反之为负。

当焊件上温度场各点的温度,不随时间变化而变化时,则称为稳定温度场。随时间变化而变化的温度场,称为不稳定温度场。在绝大多数情况下,焊接温度场是不稳定温度场。

当一个具有恒定功率的焊接热源,在一定尺寸的焊件上做匀速直线移动时,开始一段时间内,温度场是不稳定的,但经过相当一段时间以后,便达到了饱和状态,形成暂时稳定的温度场,称为准稳定温度场。

此时焊件上每点的温度虽然都随时间变化而改变,但当热源移动时,则发现这个温度场与热源以同样的速度跟随。如果采用移动坐标系,坐标的原点与热源的中心相重合,则焊件上各点的温度只取决于系统的空间坐标,而与时间无关。

根据焊件的厚度和尺寸形状,传热的方式可以是三维(三向传热)、二维(平面传热)和

一维(单向传热)的。因此温度场也可以是三维、二维和一维的。对于厚大焊件上表面堆焊焊道,可以把热源看成一个点,故称点状热源,热的传播是三个方向(X、Y、Z),因此温度场是三维的。

薄板焊接时,可以认为在板厚方向没有温差,把热源看成沿板厚的一条线,称为线状热源,热的传播是两个方向(X、Y),沿平面进行,温度场是二维的。

细棒的对接、焊条加热,其温度场均是一维的。如果热在细棒截面上分布是均匀的,热源如同一个均温的小平面进行传热,称为面状热源,此时传热的方向只有一个(X)。

上述假定(点状、线状和面状热源),主要是为了便于建立数学模型,实际应用上并不如此。

2. 影响温度场的因素

温度场受许多因素影响,其中主要是热源的种类、焊接规范、被焊金属材料的热物理性质、焊件的形态,以及热源的作用时间等。

(1)热源的种类及焊接规范

由于采用的焊接热源种类不同(电弧、氧-乙炔火焰、电渣、电子束、激光等),因此焊接时温度场的分布也不同。电子束焊接时,热能极其集中,所以温度场的范围很小,而在气焊时由于加热面积很大,因此温度场的范围也很大。即使采用同样的焊接热源,焊接规范不同,对温度场的分布也有很大影响。

当功率 q 为常数时,随焊接速度 v 的增加,等温线的范围变小,温度场的宽度和长度均变小,而宽度变小得较显著,所以等温线的形状变得细长。

当焊接速度 v 为常数时,随热源功率的增大,等温线的范围也随之增大。

如 q/v 保持定值,同比例改变 q 和 v,则会使等温线拉长,因而使温度场的范围也拉长。

(2)被焊金属材料的热物理性质

各种金属材料的热物理性质不同,也会显著影响温度场的分布。例如,不锈钢导热很慢,而铜、铝等导热很快,在同样的焊接热源、相同的焊件尺寸情况下,温度场的分布情况就有很大差别。

①导热系数(λ)

导热系数表示金属的导热能力,它的物理意义是在单位时间内,单位距离沿法线方向相差 1 ℃时,通过单位面积所传播的热能,其数学表达式为

$$\lambda = \frac{\mathrm{d}Q}{\mathrm{d}A\mathrm{d}t(-\partial T/\partial S)} \tag{2.1.14}$$

式中　λ——导热系数;

　　　Q——热能;

　　　A——传热面积;

　　　t——传热时间;

　　　T——温度;

　　　S——距离。

负号表示降低温度,即单位距离降低 1 ℃时的温度梯度。

导热系数 λ 随金属的化学成分、组织和温度的不同而改变,对于纯铁、碳钢、低合金钢

而言,在 800~900 ℃以下,λ 随温度的升高而减小;对于高合金钢(不锈钢、耐热钢等)而言 λ 随温度的升高而增大。

常温时,各种钢的导热系数相差很大,但随温度的升高,它们几乎趋向一致,当温度在 800 ℃以上时,各种钢的导热系数为 0.25~0.34 W/(cm·℃)。

②比热容(c)

1 g 物质每升高 1 ℃所需的热能称为比热容,单位为 J/(g·℃)。

各种材料具有不同的比热容,而同样材料当温度变化时,比热容也发生很大的变化,特别是在磁性变态附近(纯铁为 768 ℃)变化更大,这是因为钢铁材料随温度的改变,组织结构也在变化所致。为简化起见,常采用平均值。钢铁材料在 20~1 500 ℃时平均比热容为 0.67~0.76 J/(g·℃)。当然,这也会对计算精度有所影响。

③容积比热容($c\rho$)

单位体积的物质每升高 1 ℃所需的热能称为容积比热容,用 $c\rho$ 表示。其中,c 为比热容,ρ 为密度,单位为 J/(cm²·℃)。容积比热容同样也是温度的函数。容积比热容大的金属,温度上升缓慢,一般钢铁的容积比热容为 4.62~5.46 J/(cm²·℃)。

④热扩散率(a)

热扩散率是表示温度传播的速度,它与导热系数 λ 成正比,与容积比热容 $c\rho$ 成反比,它们之间的关系是 $a=\lambda/c\rho$。既然 λ 和 $c\rho$ 都随温度变化而变化,当然 a 也是随温度变化而改变的。粗略估计,低碳钢在焊接条件下的热扩散率为 0.07~0.10 cm²/s。

⑤比热焓(s)

单位质量物质所具有的焓值为比焓,在不同状态点间的热量变化为比焓差,单位 J/g。低碳钢加热到熔化温度时,热焓为 1 331.4 J/g。

⑥表面散热系数(α)

表面散热系数是表明金属散热的能力,它的物理意义是散热体表面与周围介质每相差 1 ℃时,单位面积在单位时间内所散失的热能。实验发现,在焊接过程中所散失的热能,主要是通过辐射,而对流的作用较小。

散热系数、单位时间、单位面积内所损失的热能 q,可用式(2.1.15)表示:

$$q_s = \alpha(T-T_0) \tag{2.1.15}$$

式中　T——焊件表面的温度;

　　　T_0——焊件周围介质的温度;

　　　α——表面散热系数。

$$\alpha = \alpha_c + \alpha_E \tag{2.1.16}$$

式中　α_c——对流表面散热系数;

　　　α_E——辐射表面散热系数。

由于表面散热而损失的热能,不但因温差而增大,而且随温度的增高,散热系数 α 本身也增大,因此当焊件的散热表面较多时(如薄板焊接)就不能不考虑由于表面散热而对温度场分布的影响。

由以上讨论可知,被焊金属的热物理性质对温度场的分布有很重要的影响,但它们又都随温度变化而变化。焊接时温度的急剧变化,是研究焊接传热学的主要困难。近年来,随着电子计算机的广泛应用和测试手段的进一步完善,对焊接传热理论的研究有了新的发展。

一般可以采用焊接时焊件温度变化范围内的热物理常数的平均值作为定性的粗略计算。各种材料热物理性质的不同,特别是导热系数、容积比热容的不同,对温度场的分布影响很大。

(3)焊件的形态

焊件的几何尺寸、板厚和所处的状态(预热及环境温度等),对传热过程均有很大影响,进而影响温度场的分布。

①厚大焊件

由前文所述,这种热源属于点状热源,即热源作用在 $Z = 0$ 的表面上,传热方向为 X、Y、Z 空间传热,热的传播为半球形,所以一般视为半无限大体。

试验证明,在手工电弧焊正常焊接规范的条件下,板厚为 25 mm 以上的低碳钢焊件(或 20 mm 以上的不锈钢焊件)可视为厚大焊件。

②薄板

热源的特征为线状,传热方向为 X、Y(平面传热)。在手工电弧焊时,8 mm 以下的低碳钢或 5 mm 以下的不锈钢可视为薄板。

③细棒

热源的特征为面状,传热方向仅为 X 方向(线性传热)。焊接时的焊条加热、电阻对焊等可视为细棒。

此外,接头型式、坡口形状、间隙大小,以及施焊工艺等对温度场的分布均有不同程度的影响。

(4)热源的作用时间

根据热源作用的时间来看,热源可分为瞬时作用热源和连续作用热源。在连续作用热源中又可分为以下三种:

①固定不动热源——相当于缺陷补焊的情况;

②正常移动热源——用当于一般手工电弧焊;

③高速移动热源——相当于快速自动焊。

2.1.5　焊接传热计算的基本公式

了解焊接时温度场的分布,不仅可以预测焊接热影响区的大小和组织分布,还可以预测应力变形的趋势和应变时效脆化可能发生的部位。根据传热理论,可用数学式来描述焊接温度场的分布,这是焊接传热学的重要研究内容。

这里需要引用传热学中两个基本公式,即傅里叶公式和热传导微分方程式(又称拉氏方程式)。

1. 傅里叶公式

19 世纪初,傅里叶根据下述的假定条件,推导出单向传热的热传导公式。

①所研究的传热载体是致密的,没有不连续的地方;

②通过某截面的热量任何时间都是相同的。

在截面为 A 的细棒上,沿 S 轴向流过的热量 Q 与温度梯度 $\Delta T/\Delta S$、截面 A 和传热时间 t 成正比,如式(2.1.17)所示:

$$Q = -\lambda \left(\frac{\Delta T}{\Delta S} \right) At \qquad (2.1.17)$$

由于热流动的方向是低温侧,所以式(2.1.17)需要加负号。

实际上许多材质并不是完全致密的,所以式(2.1.17)应改为微分式,即在 $\mathrm{d}t$ 时间内流过的热能 $\mathrm{d}Q$ 为

$$\mathrm{d}Q = -\lambda \left(\frac{\mathrm{d}T}{\mathrm{d}S} \right) A \cdot \mathrm{d}t \qquad (2.1.18)$$

设

$$q = \frac{\mathrm{d}Q}{A \cdot \mathrm{d}t} \qquad (2.1.19)$$

式中　q——热流密度,即沿法线方向单位面积、单位时间内流过的热能。

则

$$q = -\lambda \frac{\mathrm{d}T}{\mathrm{d}S} \qquad (2.1.20)$$

焊接过程中,焊件在热源作用下,温度上升是由于输入的热能大于输出的热能,而热源离开以后,焊件温度下降是由于输入的热能小于输出的热能。

如沿 S 方向输入的热能为 $\mathrm{d}Q_S$,输出的热能为 $\mathrm{d}Q_{S+\mathrm{d}S}$,则累积的热能为

$$\mathrm{d}Q_S - \mathrm{d}Q_{S+\mathrm{d}S} = (q_S - q_{S+\mathrm{d}S}) A \cdot \mathrm{d}t \qquad (2.1.21)$$

故

$$\mathrm{d}Q_{\mathrm{d}S} = \pm\Delta q_{\mathrm{d}S} A \cdot \mathrm{d}t \qquad (2.1.22)$$

正号表示输入的热能大于输出的热能,负号表与此相反。

傅里叶公式是研究传热过程的基础,它对于解决最简单的传热情况,如单向(线性)传热是有效的。同时,也是研究其他复杂传热的基本公式。在焊接条件下,不仅有线性传热,而且有平面传热(焊接薄板)和空间传热(厚大焊件),这就需要采用更为全面的数学计算公式来解决焊接时的传热问题。

2. 热传导微分方程式

热传导微分方程式是根据傅里叶公式和能量守恒定律建立的。

设体积元($\mathrm{d}x$、$\mathrm{d}y$、$\mathrm{d}z$)同时由三个方向(X、Y、Z)输入热能 ΔQ_x、ΔQ_y 和 ΔQ_z,同时又向 X、Y、Z 三个方向传出热能 $\Delta Q_{x+\mathrm{d}x}$、$\Delta Q_{y+\mathrm{d}y}$ 和 $\Delta Q_{z+\mathrm{d}z}$。由前可得

$$\Delta Q_x = q_x \cdot \mathrm{d}A \cdot \mathrm{d}t = q_x \cdot \mathrm{d}y \cdot \mathrm{d}z \cdot \mathrm{d}t$$
$$\Delta Q_{x+\mathrm{d}x} = q_{x+\mathrm{d}x} \cdot \mathrm{d}y \cdot \mathrm{d}z \cdot \mathrm{d}t \qquad (2.1.23)$$

在 X 方向瞬时所积累的热能为

$$\mathrm{d}Q_x = \Delta Q_x - \Delta Q_{x+\mathrm{d}x} = -q_x \cdot \mathrm{d}y \cdot \mathrm{d}z \cdot \mathrm{d}t \qquad (2.1.24)$$

同理,在 Y 和 Z 方向积累的热能为

$$\mathrm{d}Q_y = -q_y \cdot \mathrm{d}x \cdot \mathrm{d}z \cdot \mathrm{d}t$$
$$\mathrm{d}Q_z = -q_z \cdot \mathrm{d}x \cdot \mathrm{d}y \cdot \mathrm{d}t \qquad (2.1.25)$$

小立方体内总共所积累的热能为

$$dQ_x = \Delta Q_x + \Delta Q_y + \Delta Q_z = -(dq_x \cdot dy \cdot dz \cdot dt + dq_y \cdot dx \cdot dz \cdot dt + dq_z \cdot dx \cdot dy \cdot dt)$$

$$(2.1.26)$$

由

$$dq_x = \frac{\partial q_x}{\partial x}dx$$

$$dq_y = \frac{\partial q_y}{\partial y}dy$$

$$dq_z = \frac{\partial q_z}{\partial z}dz \qquad (2.1.27)$$

将式(2.1.20)，$q = -\lambda \dfrac{dT}{dS}$，代入上式得

$$dQ = -\left[\frac{\partial}{\partial x}\left(-\lambda\frac{dT}{dx}\right) + \frac{\partial}{\partial y}\left(-\lambda\frac{dT}{dy}\right) + \frac{\partial}{\partial z}\left(-\lambda\frac{dT}{dz}\right)\right]dx \cdot dy \cdot dz \qquad (2.1.28)$$

另外，小立方体实际所积累的热能为

$$dQ = c\rho \cdot dx \cdot dy \cdot dz \cdot dT \qquad (2.1.29)$$

由于

$$dT = \frac{\partial T}{\partial t}dt \qquad (2.1.30)$$

故

$$\frac{\partial T}{\partial t} = \frac{\lambda}{c\rho}\left(\frac{\partial^2 T}{\partial x^2} + \frac{\partial^2 T}{\partial y^2} + \frac{\partial^2 T}{\partial z^2}\right) = a\nabla^2 T \qquad (2.1.31)$$

式中　T——温度；

　　　　t——时间；

　　　　$a = \dfrac{\lambda}{c\rho}$——热扩散率；

　　　　∇^2——拉普拉斯运算符号。

式(2.1.31)即热传导微分方程式，它是最基本的焊接传热计算公式。它可以根据不同焊接条件下，推导出相应的计算公式。例如，薄板焊接时，热能向两个方向传播(X、Y)，而 Z 向传热为零。有

$$\frac{\partial T}{\partial z} = 0$$

$$\frac{\partial^2 T}{\partial z^2} = 0$$

$$\frac{\partial T}{\partial t} = a\left(\frac{\partial^2 T}{\partial x^2} + \frac{\partial^2 T}{\partial y^2}\right) \qquad (2.1.32)$$

细棒对接焊时，仅 X 方向有热能传播，Y 和 Z 方向的传热均为零。

$$\frac{\partial T}{\partial t} = a\left(\frac{\partial^2 T}{\partial x^2}\right) \qquad (2.1.33)$$

2.1.6　边界条件

热传导问题的完整数学描述,都必须根据具体条件才能得出所要求的计算结果。这些具体条件主要包括热传导微分方程式和边界条件两个部分。所谓边界条件就是导体(焊件)的初始条件和表面换热条件。

1. 初始条件

初始条件是指焊件开始导热的瞬时(即 $t=0$ 时)温度的分布。焊件的初始条件不同,即使在同样的热源作用下,温度场的分布也不同。为了简化起见,一般认为焊件在焊前具有均匀的温度,并通常假设初始温度为 0 ℃($T_0 = 0$ ℃)。为精确起见,也可按实际情况确定,即初始温度等于环境温度或预热温度。

2. 表面换热条件

导体表面换热条件是指表面与周围介质热交换的情况。焊件处于静止空气或风吹中,或与冷的夹具接触等,都会影响温度场的分布。

表面换热条件往往十分复杂,成为准确计算焊接温度场的主要困难之一。为了回避上述问题,人为地假设焊件是无限大的(厚大焊件时,X、Y、Z 三个方向都无限;薄板时,$Z \approx 0$,X、Y 无限;细棒时,$Y \approx 0$,$Z \approx 0$,仅 X 无限),但实际上这种焊件是不存在的。

对于熔化焊接,设皆属于表面集中加热,为计算方便起见,常假定焊件为半无限体。根据焊件的几何形状(厚大焊件、薄板和细棒)和初始条件,表面换热条件可有以下三种。

(1)等温表面条件

不管焊件内部的温度分布如何,焊件表面上各点的温度全相等。

(2)绝热表面条件

厚大焊件可视为半无限大时,热能主要在焊件内部传播,焊件表面与周围介质的换热所占比例很小,可以忽略不计,即认为表面向外传热为零。

(3)散热表面条件

这种情况下,热能通过导体表面向周围介质散热。假如导体的表面温度为 T_S,介质温度为 T_G,表面散热系数为 α 时,则表面散去的热能 q_S 为

$$q_S = \alpha(T_S - T_G) \qquad (2.1.34)$$

但这些散失的热能,不断经过导体内部向表面补偿,根据傅里叶公式:

$$q_S = -\lambda \frac{\partial T}{\partial n}$$

$$\alpha(T_S - T_G) = -\lambda \frac{\partial T}{\partial n} \qquad (2.1.35)$$

为简化计算,令 $T_S = 0$,则

$$T_S = \frac{\lambda}{\alpha}\left(-\frac{\partial T}{\partial n}\right) \qquad (2.1.36)$$

式(2.1.36)足以说明,沿边界表面法线的温度梯度与表面和周围介质的温差成比例。经换热之后的温度为 T_0,即定向点 O。O 点在导体之外距离边界表面 λ/α 处。

等温表面条件和绝热表面条件是散热表面条件的特殊情况。

如 $\partial T/\partial n|_s = 0$，即 $\lambda/\alpha \to \infty$，为绝热表面条件，可理解为导热系数 λ 很大，热量都在导体内部传播，而表面散热系数 α 很小，说明导体表面无热的交换。

如 $\partial T/\partial n|_s = \infty$，即 $\lambda/\alpha \to 0$，为等温表面条件，表明导热系数 λ 很小，而表面散热系数 α 很大，致使表面温度接近于周围介质的温度。

从理论上来讲，厚大焊件可以属于半无限体，它的表面积与体积之比相对很小，可以认为热的传播主要在焊件内部进行。但随焊件厚度的减小，它的表面积与体积之比也随之增大，与周围介质的换热就不容忽视。因此，薄板和细棒的焊接，一般情况下要考虑边界换热问题。

2.1.7　瞬时集中热源作用下的温度场

根据热传导微分方程式和边界条件，以最简单的情况——瞬时集中热源为基础，讨论不同焊接条件下的温度场。

为了简化温度场的计算公式，常做如下假定：

（1）在整个焊接过程中，热物理常数不随温度而改变；

（2）焊件的初始温度分布是均匀的，并且不考虑相变和结晶潜热；

（3）三维或二维传热时，认为彼此无关、互不影响；

（4）焊件的几何尺寸认为是无限的（无限大、无限薄、无限长等）；

（5）热源作用于焊件上是按点状、线状和面状热源假定的。

在上述这些假定的条件下，才能较为简化地求得式（2.1.31）、式（2.1.32）、式（2.1.33）的解。

而实际焊接时不能满足上述的假设条件，因此计算的结果常与实际有较大的误差，这是采用数学分析法计算温度场的最大缺点。

此外，采用差分解法、有限元解法，以及数值积分法等也是十分有效，即使不满足上述的假定条件也能解出。

1. 瞬时集中点状热源

热源作用在无限大焊件的某点上，即相当于点状热源。假如在瞬时把热源的热能 Q 作用在厚大焊件的某点上，则距热源为 R 的某点经 t s 后，该点的温度可利用式（2.1.31）求解，并且假定焊件的初始温度均匀为 $0\ ℃$，边界条件不考虑表面散热问题。

利用上述的具体条件求得的特解为

$$T = \frac{Q}{c\rho(4\pi at)^{3/2}} \exp\left(-\frac{R^2}{4at}\right) \tag{2.1.37}$$

式中　Q——热源在瞬时给予焊件的热能；

　　　R——距热源的坐标距离，$R = (x^2 + y^2 + z^2)^{1/2}$；

　　　t——传热时间；

　　　$c\rho$——被焊材质的容积比热容；

　　　a——被焊材质的热扩散率。

由式（2.1.37）可以看出，在这种情况下所形成的温度场，是以 R 为半径的等温球面。熔焊条件下，热源传给焊件的热能是通过焊件表面进行的，因此热能在被焊金属中的传播是半球状,故常称为半无限大体。这时应把式(2.1.37)进行修正,即认为全部的热能被半无限大体所获得。

$$T=\frac{2Q}{c\rho(4\pi at)^{3/2}}\exp\left(-\frac{R^2}{4at}\right) \tag{2.1.38}$$

式(2.1.38)即为厚大焊件(半无限大体)瞬时点状集中热源的传热计算公式。由此式可知,热源提供给焊件热能之后,则距热源某点 R 温度的变化是时间 t 的函数。焊接开始时温度急剧升高,达到最大值后温度又逐渐下降,一直可到常温。在同一时间内焊件各点的温度极不一致,有的处于升温阶段,有的处于降温阶段,造成了膨胀与收缩的不一致。这为焊件产生应力变形和裂纹等提供了条件。

2. 瞬时集中线状热源

在厚度为 h 的无限大薄板上,当热源集中作用于某点时,即相当于线状热源(沿板厚方向热能均匀分布)。假如在瞬时把热能 Q 作用在焊件某点上,则距热源为 r 的某点,经时间 t 后,该点的温度可由二维热传导微分方程式(2.1.32)求解。为简化计算,可假设焊件的初始温度为 0 ℃,暂不考虑焊件与周围介质的换热问题。经运算求得的特解为

$$T=\frac{2Q}{c\rho4\pi\lambda ht}\exp\left(-\frac{r^2}{4at}\right) \tag{2.1.39}$$

式中,$r=(x^2+y^2+z^2)^{1/2}$。

式(2.1.39)即为薄板瞬时集中线状热源的传热计算公式。此时由于没有 Z 向传热,温度场的分布是以 r 为半径的平面圆环。

3. 瞬时集中面状热源

假设有无限长的细棒,断面为 F 处有热源作用时,即相当于面状热源传热。如在瞬时把热能 Q 作用在细棒的某点上(或某断面),求电热源中心为 x 的某点,经时间 t 后该点的温度。可由一维热传导微分方程式(2.1.33)求解。

为简化计算,同样也假设焊件的初始温度为 0 ℃,边界条件暂不考虑散热,经运算求得的特解为

$$T=\frac{2Q}{c\rho F(4\pi at)^{1/2}}\exp\left(-\frac{x^2}{4at}\right) \tag{2.1.40}$$

以上为根据最简单的情况,利用数学分析法解出不同情况下(厚大焊件、薄板和细棒)瞬时集中热源(点状、线状和面状)作用后,时间 t 某点的温度。

为了便于比较厚大焊件、薄板和细棒三种情况传热过程的不同,将它们作用于同样功率的热源,$R=0$,$r=0$,$x=0$(即热源的作用点),则厚大焊件是温度与时间的 3/2 次方成反比,薄板是与时间的 1 次方成反比,而细棒是与时间的 1/2 次方成反比。可以看出,厚大焊件的传热最快,其次是薄板,而细棒的传热最慢。

由以上可知,这些计算公式能定性地反映焊接传热的实际情况。但由于这些计算公式的原始假设条件的局限性,不能完全定量确定温度,故只能作为定性估算。

2.1.8 表面散热和累积原理

1. 表面散热

前面所讨论的焊接传热计算,都没有考虑表面散热的影响。对于厚大焊件,表面散热相对很小,可以忽略不计,但对于薄板和细棒,其表面散热却不能忽视,因为它对温度的影响较大。

(1)薄板的表面散热

如薄板的温度为 T ℃时,薄板的任意小体积 $h \cdot \mathrm{d}x\mathrm{d}y$,在单位时间、单位面积所失去的热能 $\mathrm{d}Q$ 为

$$\mathrm{d}Q = 2\alpha(T-T_0) \cdot \mathrm{d}x \cdot \mathrm{d}y \cdot \mathrm{d}t \tag{2.1.41}$$

式中　2——考虑薄板两面散热;

　　　α——表面散热系数;

　　　T——薄板的温度;

　　　T_0——薄板周围介质的温度。

另一方面,由于散热使小体积 $h \cdot \mathrm{d}x \cdot \mathrm{d}y$ 的温度下降 $\mathrm{d}T$,则此时所失去的热能亦应为

$$\mathrm{d}Q = \mathrm{d}T \cdot c\rho \cdot \mathrm{d}V = -\mathrm{d}T \cdot c\rho h \cdot \mathrm{d}x \cdot \mathrm{d}y \tag{2.1.42}$$

式(2.1.41)与式(2.1.42)相等,经整理后得

$$\frac{\mathrm{d}T}{\mathrm{d}t} = -\frac{2\alpha}{c\rho h}T = -\beta T \tag{2.1.43}$$

式中　β——薄板散热系数,$\beta = \frac{2\alpha}{c\rho h}$(1/s)。

由此可知,散热系数 β 与表面散热系数 α 成正比,而与厚度 h 成反比。当厚度越小时,散热系数越大,表面散失的热能越多。因此,焊接薄板时应考虑表面散热,此时把热传导微分方程式(2.1.32)补加一项:

$$\frac{\partial T}{\partial t} = \alpha\left(\frac{\partial^2 T}{\partial x^2} + \frac{\partial^2 T}{\partial y^2}\right) - \beta T \tag{2.1.44}$$

解出的特解为

$$T = \frac{Q}{4\pi\lambda ht}\exp\left(-\frac{r^2}{4\alpha t} - \beta T\right) \tag{2.1.45}$$

由式(2.1.45)看出,焊接薄板时如考虑表面散热,只要将薄板的传热公式(2.1.39)乘以 $\exp(-\beta T)$ 即可。

(2)细棒的表面散热

对于细棒,也同样必须考虑散热对温度的影响。如果细棒的断面积为 F,周长为 L,温度为 T,那么微小表面积 $L \cdot \mathrm{d}x$ 在 $\mathrm{d}t$ 时间内的散热为

$$\mathrm{d}Q = \alpha TL \cdot \mathrm{d}x \cdot \mathrm{d}t \tag{2.1.46}$$

与此同时,每降低 $\mathrm{d}T$ 所散失的能 $\mathrm{d}Q$ 亦应为

$$\mathrm{d}Q = -\mathrm{d}T \cdot c\rho F \cdot \mathrm{d}x \tag{2.1.47}$$

二式相等,则

$$\frac{\mathrm{d}T}{\mathrm{d}t} = -\frac{\alpha L}{c\rho F}T = -\beta_l T \tag{2.1.48}$$

式中　β_l——细棒的散温系数，$\beta_l = \dfrac{\alpha L}{c\rho F}$

由此看来，细棒的散热系数 β_l 与表面散热系数 α 和细棒周长 L 成正比，与细棒的断面积 F 成反比。当 F 越小时，散热系数越大，即散失热能越多。计算时如考虑细棒的表面散热，则热传导微分方程式(2.1.33)应补加一项，即

$$\frac{\partial T}{\partial t} = \alpha\left(\frac{\partial^2 T}{\partial x^2}\right) - \beta_l T \tag{2.1.49}$$

解出的特解为

$$T = \frac{Q}{c\rho F(4\pi\alpha t)^{1/2}}\exp\left(-\frac{x^2}{4\alpha t} - \beta_l T\right) \tag{2.1.50}$$

由式(2.1.50)看出，焊接细棒如考虑表面散热时，只要将细棒的传热公式(2.1.40)乘以 $\exp(-\beta_l T)$。

2. 累积原理(或叠加原理)

焊接时常遇到各种情况，如有数个热源同时作用或先后作用，或断续作用。某点温度的变化是否与单独热源作用一样求解？这个问题要用累积原理来解决。

其基本原理为：假如有若干不相干的独立热源，作用在同一焊件上，则焊件上某点的温度等于各独立热源对该点产生温度的总和，即

$$T = \sum_{i=1}^{n} T(r_i, t_i) \tag{2.1.51}$$

式中　r_i——第 i 个热源与计算点之间的距离；

　　　t_i——第 i 个热源相应的传热时间。

利用累积原理可以从瞬时热源作用下的商热计算公式，发展为连续热源作用下的传热计算公式。

连续作用的热源可以看成，无数瞬时作用热源在不同瞬间的共同作用。当热源移动时，可认为是无数个瞬时热源，在不同瞬间与不同位置上的共同作用。

因此，累积原理是研究连续热源作用传热计算的理论基础。

2.2　瞬态热传导数值模型

2.2.1　热传导控制方程

基于傅里叶定律，热传导方程的一般形式为

$$\rho c_p \frac{\partial T}{\partial t} = \frac{\partial}{\partial x}\left(\lambda\frac{\partial T}{\partial x}\right) + \frac{\partial}{\partial y}\left(\lambda\frac{\partial T}{\partial y}\right) + \frac{\partial}{\partial z}\left(\lambda\frac{\partial T}{\partial z}\right) + Q \tag{2.2.1}$$

式中　T——温度；

t——时间；

λ——热导率；

ρ——密度；

c_p——等压比热；

Q——热源。

在一个封装算域 Ω 内,边界为 Γ,总时长为 I_t,$t \in I_t$。在笛卡儿坐标系内,设空间坐标 $\boldsymbol{x} = [x,y,z] \in \Omega$,其一般形式可转化为

$$\rho c_p \dot{u}_t - \nabla \cdot (\lambda \cdot \nabla u) = Q \text{ in } \Omega \tag{2.2.2}$$

已知初始温度等于环境温度时,$t=0$,则有

$$u(\boldsymbol{x},0) = u_0(\boldsymbol{x}) \text{ in } \Omega \tag{2.2.3}$$

已知边界温度时(Dirichlet),则有

$$u(\boldsymbol{x},t) = u_{\Gamma_D}(\boldsymbol{x},t) \text{ on } \Gamma_D \times I_t \tag{2.2.4}$$

已知边界热流密度时(Neumann),则有

$$\lambda \cdot \nabla u(\boldsymbol{x},t) \cdot \boldsymbol{n} = q_{\Gamma_N}(\boldsymbol{x},t) \text{ on } \Gamma_N \times I_t \tag{2.2.5}$$

已知边界与周围介质热交换时(Robin),则有

$$\lambda \cdot \nabla u(\boldsymbol{x},t) \cdot \boldsymbol{n} = \alpha_R [u_{ref}(\boldsymbol{x}) - u_{\Gamma_R}(\boldsymbol{x},t)] \text{ on } \Gamma_R \times I_t \tag{2.2.6}$$

上述各式中变量的含义如下：

$u(\boldsymbol{x},t)$——温度场；

∇——梯度运算符；

$\boldsymbol{n}$——边界上的单位法线向量；

$u_0(\boldsymbol{x})$——当 $t=0$ 时算域 Ω 内的初始温度分布；

Γ_D——Dirichlet 边界；

u_{Γ_D}——边界 Γ_D 上的温度；

Γ_N——Neumann 边界；

q_{Γ_N}——边界 Γ_N 上的热流密度。

Γ_R——Robin 边界；

α_R——边界 Γ_R 上的对流换热系数；

$u_{ref}(\boldsymbol{x})$——参考环境温度；

$u_{\Gamma_R}(\boldsymbol{x},t)$——边界上的温度。

2.2.2 稳态抛物线方程

热传导方程为抛物线偏微分方程,可以采用 Galerkin 方法进行求解。以一个简单的一维稳态抛物线偏微分方程为例,$c(x)$ 为系数方程,有

$$-\frac{d}{dx}\left(c(x)\frac{du(x)}{dx}\right) = f(x), a < x < b, [a,b] \in \Omega \tag{2.2.7}$$

任意构造一个测试函数 v,可转化为

$$-\int_a^b \frac{d}{dx}\left(c(x)\frac{du(x)}{dx}\right)v(x)dx = \int_a^b f(x)v(x)dx \tag{2.2.8}$$

此时 $u(x)$ 可称为试探函数，$v(x)$ 为测试函数。运用分步积分法可得

$$\int_a^b \frac{\mathrm{d}}{\mathrm{d}x}\left(c(x)\frac{\mathrm{d}u(x)}{\mathrm{d}x}\right)v(x)\mathrm{d}x = c(b)u'(b)v(b) - c(a)u'(a)v(a) - \int_a^b cu'v'\mathrm{d}x$$

$$(2.2.9)$$

代入式(2.2.8)后整理后可得

$$\int_a^b cu'v'\mathrm{d}x = \int_a^b fv\mathrm{d}x + c(b)u'(b)v(b) - c(a)u'(a)v(a) \qquad (2.2.10)$$

式中　$u'(a)$——起点处的 Neumann 边界条件；

　　　$u'(b)$——终点处的 Neumann 边界条件。

其直接出现在公式中，因此亦可称之为自然边界条件。

当左右边界皆为 Dirichlet 边界时，$x=a$ 与 $x=b$ 处的值，分别为 $u(a)=g_a$ 与 $u(b)=g_b$，可拟定测试函数 $v(a)=0$，$v(b)=0$，式(2.2.10)可转化为

$$\int_a^b cu'v'\mathrm{d}x = \int_a^b fv\mathrm{d}x + c(b)u'(b)v(b) - c(a)u'(a)v(a) \qquad (2.2.11)$$

假设存在一个有限维度的子空间 U_h，边界 $[a,b]$ 为 Dirichlet 边界，函数及其一阶弱导数平方可积，$U_h \in H^1(a,b)$，则存在稳态弱形式方程

$$a(u_h,v_h)=(f,v_h) \Rightarrow \int_a^b cu'_h v'_h \mathrm{d}x = \int_a^b fv_h \mathrm{d}x \Rightarrow \int_\Omega c\cdot\nabla u_h\cdot\nabla v_h \mathrm{d}\Omega = \int_\Omega f\cdot v_h \mathrm{d}\Omega \quad (2.2.12)$$

其中，$u_h \in U_h$，$v_h \in U_h$，$[a,b] \in \Omega$。

2.2.3　瞬态抛物线方程

在稳态抛物线方程的基础上构建一个简单的瞬态抛物线方程，其边界为 Dirichlet 边界，方程为

$$\begin{cases} \dot{u}_t - \nabla\cdot(c\cdot\nabla u)=f, \text{in}\,\Omega\times[0,I_t] \\ u=g, \text{on}\ \partial\Omega\times[0,I_t] \\ u=u_0, t=0, \text{in}\ \Omega \end{cases} \qquad (2.2.13)$$

其算域空间在 Ω 内，时间间隔在 $[0,I_t]$。系数方程 $c=c(x,t)$ 与源项方程 $f=f(x,t)$ 为在时空范围 $\omega\times[0,I_t]$ 内的给定方程。边界条件 $g=g(x,t)$，为在时空边界 $\partial\Omega\times[0,I_t]$ 上的给定方程。$u_0=u_0(x)$ 为当时间 $t=0$ 时，在空间范围 Ω 内的初始状态。$u_t=u(x,t)$ 为各时刻的所求未知量分布。

采用 Galerkin 方法，以 $u(x,t)$ 为试探函数，方程左右同时乘以测试函数 $v(x)$，构造弱形式方程为

$$\int_\Omega \dot{u}_t\cdot v\mathrm{d}\Omega - \int_\Omega \nabla\cdot(c\cdot\nabla u)\cdot v\mathrm{d}\Omega = \int_\Omega f\cdot v\mathrm{d}\Omega \qquad (2.2.14)$$

依据 Green 公式展开式(2.2.14)得

$$\int_\Omega \nabla\cdot(c\cdot\nabla u)\cdot v\mathrm{d}\Omega = \int_\Omega (c\cdot\nabla u\cdot \boldsymbol{n})\cdot v\mathrm{d}s - \int_\Omega c\cdot\nabla u\cdot\nabla v\mathrm{d}\Omega \qquad (2.2.15)$$

将式(2.2.15)代入式(2.2.14)，可得

$$\int_\Omega \dot{u}_t \cdot v \mathrm{d}\Omega + \int_\Omega c \cdot \nabla u \cdot \nabla v \mathrm{d}\Omega - \int_\Omega (c \cdot \nabla u \cdot \boldsymbol{n}) \cdot v \mathrm{d}s = \int_\Omega f \cdot v \mathrm{d}\Omega \quad (2.2.16)$$

拟定测试函数 $v=0$，边界为 Dirichlet 边界，可得

$$\int_\Omega \dot{u}_t \cdot v \mathrm{d}\Omega + \int_\Omega c \cdot \nabla u \cdot \nabla v \mathrm{d}\Omega = \int_\Omega f \cdot v \mathrm{d}\Omega \quad (2.2.17)$$

在有限维度空间 $U_h \subset H_1(\Omega)$ 中，瞬态弱形式方程为

$$(\dot{u}_{ht}, v_h) + a(u_h, v_h) = (f, v_h) \Rightarrow \int_\Omega \dot{u}_{ht} \cdot v_h \mathrm{d}\Omega + \int_\Omega c \cdot \nabla u_h \cdot \nabla v_h \mathrm{d}\Omega = \int_\Omega f \cdot v_h \mathrm{d}\Omega$$
$$(2.2.18)$$

其中，$u_h \in H^1(U_h; 0, I_t)$，$v_h \in H^1(U_h)$。

2.2.4 瞬态热传导方程

利用 Galerkin 方法，任意构造一个时间无关的测试函数 v，在边界 Γ 上满足齐次边界条件。热传导方程的一般形式[式(2.2.2)]可转化为

$$\rho c_p \dot{u}_t - \nabla \cdot (\lambda \cdot \nabla u) = Q$$
$$\Rightarrow \dot{u}_t - \nabla \cdot \left(\frac{\lambda}{\rho c_p} \cdot \nabla u\right) = q_s$$
$$\Rightarrow \int_\Omega \dot{u}_t \cdot v \mathrm{d}\Omega + \int_\Omega \left(\frac{\lambda}{\rho c_p}\right) \nabla u \nabla v \mathrm{d}\Omega = \int_\Omega q_s \cdot v \mathrm{d}\Omega \quad (2.2.19)$$

利用散度定理和 Neumann 边界条件，瞬态热传导方程可以重新表示成弱形式，即

$$\int_\Omega \dot{u}_t \cdot v \mathrm{d}\Omega + \int_\Omega \left(\frac{\lambda}{\rho c_p}\right) \nabla u \nabla v \mathrm{d}\Omega = \int_\Omega q_s \cdot v \mathrm{d}\Omega + \int_{\Gamma_N} q_{\Gamma_N} \cdot v \mathrm{d}\Gamma_N \quad (2.2.20)$$

2.3 数值积分法

2.3.1 牛顿-科茨数值积分法

在许多定积分的数值计算方法中，牛顿-科茨数值积分法更简单且更常用。牛顿-科茨数值积分法中，用来计算一个和两个区间积分的方法，分别对应著名的梯形法则和辛普森的1/3法则。由此发展而来的高斯求积法，计算结果会更加精确，最终发展成为有限元方法计算的理论基础之一。

式(2.3.1)为计算积分：

$$I = \int_{-1}^{1} y \mathrm{d}x \quad (2.3.1)$$

首先假定以相等间距，沿 x 方向在函数方程 $y = y(x)$ 中选取取样点。由于等参数描述中积分的极限为-1到1，则牛顿-科茨数值积分法如式(2.3.2)所示：

$$I = \int_{-1}^{1} y\mathrm{d}x = h\sum_{i=0}^{n} C_i y_i = h(C_0 y_0 + C_1 y_1 + C_2 y_2 + C_3 y_3 + \cdots + C_n y_n) \qquad (2.3.2)$$

式中,将函数方程划分为 i 个区间, C_i 为各个区间的数值积分中的牛顿-科茨常数;区间的个数 i,比取样点的数目 n 要小 1;h 为积分极限之间的间距,如积分极限为 $-1\sim1$ 时,则 h 为 2;i 为 1 时即对应著名的梯形法则,i 为 2 时对应著名的辛普森 1/3 法则。

有结果表明,i 为 3 和 5 时,分别与 i 为 2 和 4 时,具有相同的精确度。在实际应用中推荐使用 i 为 2 和 4。为获得更高的精确度,可使用更小的区间,更多的函数计算。可使用更高阶的牛顿-科茨数值积分法,通过增加区间个数 i 来实现。

一方面,使用 n 个等区间的取样点,最多可对 $n-1$ 阶多项式积分,进行精确计算。另一方面,利用高斯求积法,使用 n 个不等区间的取样点,最高可对 $2n-1$ 阶多项式进行积分。使用两个取样点的牛顿-科茨数值积分法,只能对线性多项式进行精确积分。而使用高斯求积法,则可对三次方多项式进行精确积分。这是因为高斯求积法对取样点的位置和权系数 W_i 进行了优化。

2.3.2　高斯积分

式(2.3.3)为计算积分:

$$I = \int_{-1}^{1} y\mathrm{d}x \qquad (2.3.3)$$

式中 $y=y(x)$,可以选择在中点 $y(0)=y_1$ 的取样点,并乘以积分区间长度,于是得到 $I=2y_1$,假使曲线是一条直线,这个结果是精确的。因为只应用了一个取样点,所以这个例子称为单点高斯求积法,如式(2.3.4)所示:

$$I = \int_{-1}^{1} y(x)\mathrm{d}x \approx 2y(0) \qquad (2.3.4)$$

这是熟知的中点法则。将式(2.3.4)一般化,可得

$$I = \int_{-1}^{1} y(x)\mathrm{d}x = \sum_{i=1}^{n} W_i y_i \qquad (2.3.5)$$

分别在 n 个取样点处计算函数值 y_i,用适当的权系数 W_i 乘以每一个 y_i 值,然后再将这些项相加,通过这几步即可计算求得积分值。高斯法选取取样点的原则如下:对于给定的取样点数,要得到最好的可能精度。取样点相对于积分区间的中心要呈对称分布,这样对称的一对点的权系数 W_i 相同。

例如,应用两个点,$W_1=W_2=1.000$,所以有 $I=y_1+y_2$。如果 $y=f(x)$ 是包括直到 x^3 项的多项式,则这是精确的结果。假使被积函数是 $2n-1$ 阶或更低阶的多项式,应用 n 点高斯点的高斯求积结果是精确的。在应用 n 个取样点时,实际上就是用 $2n-1$ 阶的多项式代替给定的函数 $y=f(x)$,数值积分结果的精确程度取决于多项式与给定曲线的拟合程度。

如果函数 $f(x)$ 不是多项式,则高斯求积法是不精确的。但应用的高斯点越多,结果就越精确。重要的是,两个多项式的比一般不是多项式,因此高斯求积法并不能得到这个比的精确积分。

2.3.3 两点公式

基于式(2.3.5),推导两点 $n=2$ 时的高斯公式:

$$I = \int_{-1}^{1} y(x)\,\mathrm{d}x = W_1 y_1 + W_2 y_2 = W_1 y(x_1) + W_2 y(x_2) \qquad (2.3.6)$$

式中有 4 个未知参数需要确定: W_1、W_2、x_1、x_2。三次函数为

$$y = C_0 + C_1 x + C_2 x^2 + C_3 x^3 \qquad (2.3.7)$$

在两点公式中有 4 个参数,就可以通过高斯公式精确预测曲线下的面积,如式(2.3.8)所示:

$$A = -11C_0 + C_1 x + C_2 x^2 + C_3 x^3 \mathrm{d}x = 2C_0 + \frac{2C_2}{3} \qquad (2.3.8)$$

但根据高斯求积法假定,$W_1 = W_2$,$x_1 = x_2$,即应用有相同权系数的两个对称位置的高斯点 $x = \pm a$。用高斯公式预测的面积,如式(2.3.9)所示:

$$A_G = W \cdot y(-a) + W \cdot y(a) = 2W \cdot (C_0 + C_2 a^2) \qquad (2.3.9)$$

式中,$y(-a)$ 和 $y(a)$ 以式(2.3.7)进行计算。假设对于任意的 C_0 和 C_2,误差 $e = A - A_G$ 为最小,将式(2.3.8)和式(2.3.9)代入误差表达式,则得

$$\frac{\partial e}{\partial C_0} = 0 = 2 - 2W \Rightarrow W = 1 \qquad (2.3.10)$$

$$\frac{\partial e}{\partial C_2} = 0 = \frac{2}{3} - 2a^2 W \Rightarrow a = \sqrt{\frac{1}{3}} \approx 0.5733 \qquad (2.3.11)$$

其中,$W = 1$ 和 $W \approx 0.5733$ 就是两点高斯求积法的 W_i 项和 a_i 项(x_i 项)。

2.4 方程离散化

2.4.1 插值

以一维有限元算域为例,设有 $n+1$ 个不同的点 $\{x_i\}_{i=0}^{n}$,函数 $u(x)$ 在这些点上的函数值为 $u(x_i)$。若在已知函数类(函数空间)$\boldsymbol{\Phi}$ 内,存在一个函数 $\Phi(x_i)$:

$$\Phi(x_i) = u(x_i), \quad i = 0, 1, \cdots, n \qquad (2.4.1)$$

$u(x)$ 为原函数,$\Phi(x)$ 为 $u(x)$ 的一个插值函数,$\{x_i\}$ 为插值节点。两条曲线在相同节点之外,存在一定误差,增加节点可减小误差。

$P_n = \mathrm{span}\{1, x, x^2, \cdots, x^n\}$,可以通过构建多项式来获得近似函数。当以 E_n 为 n 个有限单元时,局部有限空间内有线性多项式空间 $S_n(E_n) = \mathrm{span}\{\Phi_i\}_{i=0}^{n}$。

$\boldsymbol{\Phi} = \mathrm{span}\{\Phi_0(x), \cdots, \Phi_m(x)\}$ 为 $m+1$ 维线性空间,有

$$\Phi(x) = a_0 \Phi_0(x) + a_1 \Phi_1(x) + \cdots + a_m \Phi_m(x) \qquad (2.4.2)$$

其 $\Phi(x)$ 满足:

$$\Phi(x_i) = a_0 \Phi_0(x_i) + \cdots + a_m \Phi_m(x_i) = f(x_i), \quad i = 0, 1, \cdots, n \qquad (2.4.3)$$

其矩阵形式为

$$\begin{pmatrix} \Phi_0(x_0) & \Phi_1(x_0) & \Phi_2(x_0) & \cdots & \Phi_m(x_0) \\ \Phi_0(x_1) & \Phi_1(x_1) & \Phi_2(x_1) & \cdots & \Phi_m(x_1) \\ \Phi_0(x_2) & \Phi_1(x_2) & \Phi_2(x_2) & \cdots & \Phi_m(x_2) \\ \vdots & \vdots & \vdots & & \vdots \\ \Phi_0(x_n) & \Phi_1(x_n) & \Phi_2(x_n) & \cdots & \Phi_m(x_n) \end{pmatrix} \begin{pmatrix} a_0 \\ a_1 \\ a_2 \\ \vdots \\ a_m \end{pmatrix} = \begin{pmatrix} f(x_0) \\ f(x_1) \\ f(x_2) \\ \vdots \\ f(x_n) \end{pmatrix} \qquad (2.4.4)$$

这是一个关于系数 $\{a_0, a_1, \cdots, a_m\}$ 的线性方程组。若 $m = n$ 且 $|\boldsymbol{\Phi}| \neq 0$,则插值函数 u_Φ 有且只有唯一存在。若节点 $\{x_i\}_{i=0}^n$ 各不相同,则 $n+1$ 个互不相同节点上的 n 次插值多项式有且只有唯一存在。

以待定系数法求解插值多项式可得

$$\begin{cases} a_0 + a_1 x_0 + \cdots + a_n x_0^n = f(x_0) \\ a_0 + a_1 x_1 + \cdots + a_n x_1^n = f(x_1) \\ \qquad\qquad\qquad \vdots \\ a_0 + a_1 x_n + \cdots + a_n x_n^n = f(x_n) \end{cases} \qquad (2.4.5)$$

解方程,可得系数 $a_0, a_1, \cdots, a_n$。

2.4.2　Lagrange 插值

设插值多项式为

$$\Phi(x) = f(x_0) l_0(x) + f(x_1) l_1(x) + \cdots + f(x_n) l_n(x) \qquad (2.4.6)$$

其中 $l_i(x)(i = 0, 1, \cdots, n)$ 为次数不超过 n 次的多项式。

由插值定义式:

$$\Phi(x_0) = f(x_0) = f(x_0) l_0(x_0) + f(x_1) l_1(x_0) + \cdots + f(x_n) l_n(x_0) \qquad (2.4.7)$$

$$\Phi(x_1) = f(x_1) = f(x_0) l_0(x_1) + f(x_1) l_1(x_1) + \cdots + f(x_n) l_n(x_1) \qquad (2.4.8)$$

设下式成立:

$$l_0(x_0) = 1, l_i(x_0) = 0, i = 1, 2, \cdots, n \qquad (2.4.9)$$

$$l_0(x_1) = 0, l_1(x_1) = 1, l_i(x_1) = 0, i = 2, 3, \cdots, n \qquad (2.4.10)$$

可得表 2.4.1。

表 2.4.1　插值系数定义

	$l_0(x)$	$l_1(x)$	$\cdots$	$l_n(x)$
x_0	1	0	$\cdots$	0
x_1	0	1	$\cdots$	0
$\vdots$	$\vdots$	$\vdots$	$\vdots$	$\vdots$
x_n	0	0	$\cdots$	1

可得函数 $l_i(x)$ 满足:

$$l_i(x_j) = \delta_{ij} = \begin{cases} 1, i = j \\ 0, i \neq j \end{cases} \qquad (2.4.11)$$

$l_i(x)$ 满足 $x_0,x_1,\cdots,x_{i-1},x_{i+1},\cdots,x_n$ 为 0，得

$$l_i(x)=a_i(x-x_0)(x-x_1)\cdots(x-x_{i-1})(x-x_{i+1})\cdots(x-x_n) \tag{2.4.12}$$

其中，a_i 为实数，且 $l_i(x_i)=1$，可得

$$a_i(x_i-x_0)(x_i-x_1)\cdots(x_i-x_{i-1})(x_i-x_{i+1})\cdots(x_i-x_n)=1 \tag{2.4.13}$$

解得

$$a_i=\frac{1}{(x_i-x_0)(x_i-x_1)\cdots(x_i-x_{i-1})(x_i-x_{i+1})\cdots(x_i-x_n)} \tag{2.4.14}$$

又得

$$l_i=\frac{(x-x_0)(x-x_1)\cdots(x-x_{i-1})(x-x_{i+1})\cdots(x-x_n)}{(x_i-x_0)(x_i-x_1)\cdots(x_i-x_{i-1})(x_i-x_{i+1})\cdots(x_i-x_n)} \tag{2.4.15}$$

l_i 即为 Lagrange 基函数。

则插值函数：

$$f(x_0)l_0(x_0)+f(x_1)l_1(x_0)+\cdots+f(x_n)l_n(x_0) \tag{2.4.16}$$

为 Lagrange 插值，记为 $L_n(x)$，其为次数不超过 n 次的多项式。由于插值多项式存在唯一性，其与待定系数法得到的多项式相同。当节点不变时，Lagrange 插值基函数也不变。

2.4.3 基函数

将一维算域均分为 n 个等长单元，E_i 为所得单元之一，当其为一阶二节点单元时，节点为 $[x_i,x_{i+1}]$，其一次多项式为

$$\begin{cases}\varphi_i(x)=a_i+b_i x\\ \varphi_{i+1}(x)=a_{i+1}+b_{i+1}x\end{cases} \tag{2.4.17}$$

设 φ_i 与 x_i 的关系为

$$\varphi_i(x_j)=\delta_{ij}\begin{cases}1,i=j\\0,i\neq j\end{cases}\quad(i,j=1,\cdots,n+1) \tag{2.4.18}$$

代入式(2.4.17)可得

$$\begin{cases}\varphi_i(x_i)=a_i+b_i x_i=1\\ \varphi_i(x_{i+1})=a_i+b_i x_{i+1}=0\\ \varphi_{i+1}(x_i)=a_{i+1}+b_{i+1}x_i=0\\ \varphi_{i+1}(x_{i+1})=a_{i+1}+b_{i+1}x_{i+1}=1\end{cases} \tag{2.4.19}$$

求解可得

$$\begin{cases}a_i=\dfrac{-x_{i+1}}{x_i-x_{i+1}}\\[2mm] b_i=\dfrac{1}{x_i-x_{i+1}}\\[2mm] a_{i+1}=\dfrac{x_i}{x_i-x_{i+1}}\\[2mm] b_{i+1}=\dfrac{-1}{x_i-x_{i+1}}\end{cases} \tag{2.4.20}$$

代入式(2.4.17)可得

$$
\begin{cases}
\varphi_i = \dfrac{x_{i+1}-x}{x_{i+1}-x_i} \\[3mm]
\varphi_{i+1} = \dfrac{x-x_i}{x_{i+1}-x_i}
\end{cases}
\tag{2.4.21}
$$

又因网格均匀划分,各单元长度 h_x 相等,则 $h_x = x_{i+1}-x_i$ 可得

$$
\begin{cases}
\varphi_i = \dfrac{x_{i+1}-x}{h_x} \\[3mm]
\varphi_{i+1} = \dfrac{x-x_i}{h_x}
\end{cases}
\tag{2.4.22}
$$

式中, φ_i 为试探函数 u 的基函数。设 ψ 为测试函数 v 的基函数,另可设试探函数 u 与测试函数 v 相同, $u=v$,则可得

$$
\begin{cases}
\psi_i = \dfrac{x_{i+1}-x}{h_x} \\[3mm]
\psi_{i+1} = \dfrac{x_{i+1}-x}{h_x}
\end{cases}
\tag{2.4.23}
$$

2.4.4 时间迭代

对瞬态抛物线方程式(2.2.18)进行半离散化得

$$
u_h(x,y,t) = \sum_{j=1}^{N_b} u_j(t)\varphi_j(x,y)
\tag{2.4.24}
$$

基于此式(2.4.24),建立线性参数系

$$
u_j(t), \quad j=1,\cdots,N_b
\tag{2.4.25}
$$

设测试函数 $v_h = \varphi_i(i=1,\cdots,N_b)$,可得

$$
\int_\Omega \left(\sum_{j=1}^{N_b} u_j(t)\varphi_j\right)_t \varphi_i \mathrm{d}x\mathrm{d}y + \int_\Omega c\cdot\nabla\left(\sum_{j=1}^{N_b} u_j(t)\varphi_j\right)\cdot\nabla\varphi_i \mathrm{d}x\mathrm{d}y = \int_\Omega f\varphi_i \mathrm{d}x\mathrm{d}y, i=1,\cdots,N_b
\tag{2.4.26}
$$

整理后可得

$$
\sum_{j=1}^{N_b} u_j'(t)\left(\int_\Omega \varphi_j\varphi_i \mathrm{d}x\mathrm{d}y\right) + \sum_{j=1}^{N_b} u_j(t)\left(\int_\Omega c\cdot\nabla\varphi_j\cdot\nabla\varphi_i \mathrm{d}x\mathrm{d}y\right) = \int_\Omega f\varphi_i \mathrm{d}x\mathrm{d}y, i=1,\cdots,N_b
\tag{2.4.27}
$$

2.5 焊接热源方程

2.5.1 高斯平面热源

如图 2.5.1 所示,在计算焊接温度场时,高斯热源是一种常用热源,以面热源为例进行焊接热循环分析,有

$$q(r) = q_m \cdot \exp(-C \cdot r^2) \tag{2.5.1}$$

式中　r——热源范围内某点到热源中心的径向距离;

　　　$q(r)$——半径 r 处的表面热流密度;

　　　q_m——热源中心的最大热流密度;

　　　C——热流集中系数。

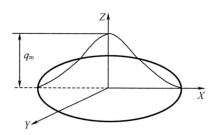

图 2.5.1　高斯分布热源模型

高斯热源的热流密度呈"钟罩型"正态分布,一般以热源最大热流密度 q_{max} 的 5% 处为热源边界,以 P 为热源功率,此时:

$$\exp(-C \cdot r^2) = 0.05 \Rightarrow C = \frac{\ln 20}{r_0^2} \approx \frac{3}{r_0^2} \tag{2.5.2}$$

由式(2.5.2)可以得到 q_m:

$$q_m = \frac{CP}{\pi} = \frac{3P}{\pi r_0^2} \tag{2.5.3}$$

在笛卡儿坐标系中,移动热源作用下,高斯面热源模型为

$$q(x,y,t) = \frac{3P}{\pi r_0^2} \cdot \exp\left[-3\frac{(x-v_x t)^2 + y^2}{r_0^2}\right] \tag{2.5.4}$$

式中　v_x——热源在 x 方向移动速度;

　　　t——焊接热源作用时间。

2.5.2 高斯分段面热源

在一些焊接过程中熔池小(毫米级),焊接接头模型尺寸较大(米级),焊接道数多,可以依据热源叠加原理,将数段超快激光焊道合并处理。

单位时间上,高斯热源作用面上输入的热量为

$$Q_t = \int q(r)\mathrm{d}s = \int q_\mathrm{m} \exp(-Cr^2) 2\pi r \mathrm{d}r = \frac{\pi q_\mathrm{m}}{C} \qquad (2.5.5)$$

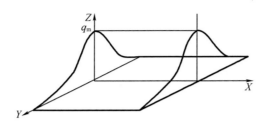

图 2.5.2　高斯分段面热源图

假设焊接轨迹间距为 a 的长度上,焊接时间 $t = a/v$,则共输入热量为

$$Q = Q_t t = \frac{a}{v} \cdot \frac{\pi q_\mathrm{m}}{C} \qquad (2.5.6)$$

其节点同时加载高斯热源,单位时间内的热输入为

$$Q'_t = \iint q(x,y)\mathrm{d}x\mathrm{d}y = \iint q_\mathrm{m} \cdot \exp(-Cy^2)\mathrm{d}x\mathrm{d}y = q_\mathrm{m} a\sqrt{\pi C} \qquad (2.5.7)$$

因此

$$Q'_t t' = Q_t t = \frac{a}{v} \cdot \frac{\pi q_\mathrm{m}}{C} \qquad (2.5.8)$$

$$t' = \sqrt{\frac{\pi}{C}} \cdot \frac{1}{v} \qquad (2.5.9)$$

分段热源的加热时间与长度无关,与焊接速度成反比。

2.5.3　双椭球热源

如图 2.5.3 所示,另一个常用于电弧焊模拟的双椭球热源,为前后两个 1/4 椭球的组合,a_1 为焊接方向前 1/4 椭球长半轴,a_2 为位于焊接后 1/4 椭球长半轴,a_1 一般短于 a_2,两者共用 b、c 两轴。

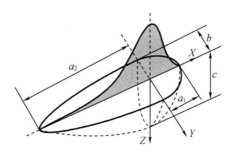

图 2.5.3　双椭球功率密度分布热源图

前后两个 1/4 椭球功率密度分布热源的一般式为式(2.5.10)、式(2.5.11):

$$q(x,y,z,t) = q(0) \cdot \exp\left[-3\left(\frac{(x-v_x t)^2}{a_1^2} + \frac{y^2}{b^2} + \frac{z^2}{c^2}\right)\right] \tag{2.5.10}$$

$$q(x,y,z,t) = q(0) \cdot \exp\left[-3\left(\frac{(x-v_x t)^2}{a_2^2} + \frac{y^2}{b^2} + \frac{z^2}{c^2}\right)\right] \tag{2.5.11}$$

根据能量守恒方程得

$$2P = 4\int_0^\infty \int_0^\infty \int_0^\infty q_1(x,y,z,t)\,\mathrm{d}x\mathrm{d}y\mathrm{d}z + 4\int_{-\infty}^0 \int_0^\infty \int_0^\infty q_2(x,y,z,t)\,\mathrm{d}x\mathrm{d}y\mathrm{d}z \tag{2.5.12}$$

其中

$$q(0) = \frac{6\sqrt{3}f_1 P}{\pi^{3/2} a_1 bc} = \frac{6\sqrt{3}f_2 P}{\pi^{3/2} a_1 bc} \tag{2.5.13}$$

$$f_1 + f_2 = 2 \tag{2.5.14}$$

前 1/4 椭球的功率密度函数为

$$q(x,y,z,t) = \frac{6\sqrt{3}f_1 P}{\pi^{3/2} a_1 bc} \cdot \exp\left[-3\left(\frac{(x-v_x t)^2}{a_1^2} + \frac{y^2}{b^2} + \frac{z^2}{c^2}\right)\right] \tag{2.5.15}$$

后 1/4 椭球的功率密度函数为

$$q(x,y,z,t) = \frac{6\sqrt{3}f_2 P}{\pi^{3/2} a_2 bc} \cdot \exp\left[-3\left(\frac{(x-v_x t)^2}{a_2^2} + \frac{y^2}{b^2} + \frac{z^2}{c^2}\right)\right] \tag{2.5.16}$$

在测定实际焊缝宽度和深度后,可以计算得到式中的特征参数 a_1、a_2、b、c 等,比较模拟所得熔池形状,与实验测定的熔池形状进行参数校正,使两者相符。

2.5.4 高斯柱状热源

均匀分布高斯柱状热源模型,如图 2.5.4 所示,设定热源为一内嵌的圆柱体,柱体热源的径向热流呈高斯分布,而在柱体的深度方向上均布。高斯柱体热源可以表示为

$$q(r,z) = \frac{3P}{\pi r_0^2 h} \cdot \exp\left(\frac{-3r^2}{r_0^2}\right) u(z) \tag{2.5.17}$$

式中　r_0——热源有效作用半径,该处的峰值热流强度降为最大峰值强度的 5%;

　　　h——柱体热源的作用深度;

　　　$u(z)$——单位阶跃函数;

　　　H——焊件厚度,其定义为

$$u(z)\begin{cases}1, 0 \leqslant z \leqslant h \\ 0, h < z \leqslant H\end{cases} \tag{2.5.18}$$

均匀分布的高斯柱状热源模型,忽略了沿深度方向衰减的热源热流,适用于薄板焊接的情况。利用均匀柱体模型模拟薄板焊接时,薄板厚度方向温度场分布相同,等同于将三维薄板简化为二维模型,利用高斯表面模型进行模拟。

从深熔焊的焊缝截面特征可以看出,大多数焊缝形貌呈开口较大而内部逐步收敛的"漏斗型"截面形状,焊接过程中能量吸收在深度方向分布不均,随着深度的增加能量呈逐

步衰减之势。

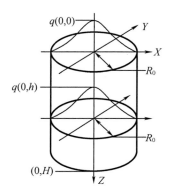

图 2.5.4　高斯柱状热源

因此,在高斯柱状热源的基础上,建立了深度方向存在能量衰减的柱状热源。此种热源的径向热流仍呈高斯分布,深度方向峰值热流按一定规律衰减,但半径不变,整体热源仍呈内嵌柱体状。

峰值热流衰减的高斯柱状热源,能量分布的一般表达式为

$$q(r,z) = q_m \cdot D(z) \cdot \exp\left(-\frac{3r^2}{r_0^2}\right) \cdot u(z) \qquad (2.5.19)$$

式中　q_m——体热源的最大生热率;

$D(z)$——峰值热流衰减函数,表示峰值热流在深度方向衰减的快慢程度;

r_0——柱体热源的有效作用半径,该处的热流强度降为峰值强度的 5%;

$u(z)$——单位阶跃函数。

峰值热流衰减的高斯柱状热源中,能量峰值热流衰减函数 $D(z)$ 是控制熔池形状和整个焊接温度场的,是最为关键的参数。$D(z)$ 可以有各种函数形式,包括线性函数、二次函数、指数函数等。峰值热流衰减函数的具体表达式,取决于焊接过程使用的焊接方法及具体的焊接参数等。建模时可以根据具体的焊缝形貌,设定峰值热流衰减函数。

2.5.5　高斯柱状脉冲热源

因为脉冲热源存在峰值、基值与脉宽,可以在高斯面热源的基础上建立脉冲高斯柱状热源,以峰值和基值分别建立热源,并以脉宽与周期的比例关系,进行叠加。

脉冲热源公式为

$$\begin{cases} q_p(r,z) = \dfrac{3Q_p}{\pi r_0^2 h} \cdot \exp\left(-\dfrac{3r^2}{r_0^2}\right) u(z) \\ q_b(r,z) = \dfrac{3Q_b}{\pi r_0^2 h} \cdot \exp\left(-\dfrac{3r^2}{r_0^2}\right) u(z) \end{cases} \qquad (2.5.20)$$

$$u(z) \begin{cases} 1, 0 \leqslant z \leqslant h \\ 0, h < z \leqslant H \end{cases} \qquad (2.5.21)$$

式中　$u(z)$——跃迁方程;

h——热源深度；

H——板厚。

另有

$$Q_p + Q_b = Q \tag{2.5.22}$$

$$Q_p = \eta \frac{t_p}{t_p + t_b} P_p \tag{2.5.23}$$

$$Q_b = \eta \overline{P} - Q_p \tag{2.5.24}$$

式中　p——脉冲峰值；

b——脉冲基值；

t_p——峰值时间；

P_p——脉冲峰值功率；

$\overline{P}$——平均功率；

η——热效率。

2.5.6　旋转体热源

利用衰减热源模型求解温度场时，会出现熔池外的内热源，距离表面越远的位置熔池内的生热区域越小，而熔池外的生热区域越大，这种情况与实际严重不符。使用这种模型，即使模拟出的熔池边界与焊缝熔合线一致，也存在一定的缺陷。因此，采用热流作用半径沿深度方向变化的旋转体热源，更符合实际焊接过程的特点，如图 2.5.5 所示。

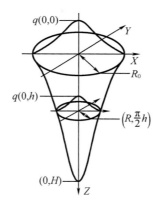

图 2.5.5　半径沿深度变化的旋转体热源模型

半径沿深度变化的旋转体热源，其峰值热流在深度方向无衰减，而作用半径沿深度方向一定时，其一般表达形式为

$$q(r,z) = q_m \cdot \exp\left(-\frac{3r^2}{[r_1(z)]^2}\right) \tag{2.5.25}$$

其中 $r_1 = r_1(z)$，z 的取值范围为 $-h \leqslant z \leqslant 0$。

利用衰减热源模型求解温度场时，会出现熔池外的内热源。距离旋转体热源根据半径沿深度的不同变化形式，可分为倒锥体热源、高斯型旋转体热源等。如高斯型旋转体热源，表示半径沿深度成高斯衰减。

在电子束和激光焊接的温度场模拟中,使用相似于熔池区域的恒定峰值生热率高斯旋转体热源模型,仍然难以模拟出合适的熔池形貌。特别是对于具有大钉头、小钉身的激光焊缝,钉身部分体积极小,散热极快,难以模拟出钉身部分的液态熔池。

峰值热流沿深度递增的旋转体热源模型,不仅考虑了深度方向热流作用半径的衰减,还将热源限定在熔池区域范围内,将深度方向消耗的功率进行有效补偿,是一种比较符合深熔焊实际传热过程的焊接热源模型。

峰值热流递增型旋转体热源的一般形式可以表示为

$$q(r,z) = q_m \cdot I(z) \cdot \exp\left\{-\frac{3r^2}{[r_1(z)]^2}\right\} \qquad (2.5.26)$$

式中　q_m——体热源的最大生热率;

$\quad\quad I(z)$——峰值热流递增函数;

$\quad\quad r_1(z)$——半径变化函数。

将 $I(z)$ 递增函数与 q_m 合并考虑,可以表示峰值热流沿深度方向的递增关系。

峰值热流递增函数及旋转体半径衰减函数的形式,选择较为灵活。一旦设定了这两个函数,就可以利用功率平衡方程,求解相应的峰值热流递增型旋转体热源模型。

2.5.7　组合热源

使用单一体热源时,由于考虑了熔滴过渡形成的内热源形式,所以模拟的熔池形状与实际焊缝熔合线较为吻合。但是在熔池表面附近的烧蚀前沿,仍旧无法模拟形成焊缝截面的"钉头"部分。使用单一体热源模型模拟的结果,与实际焊缝形貌并不相符,而这种钉形焊缝形貌,在激光焊和电子束焊等深熔焊中是极为普遍的。

使用面热源和体热源相结合的模型,模拟的熔池形状具有更高的精度,如图 2.5.6 所示。使用组合热源模型,模拟的熔池形状与实际的焊缝熔合线基本吻合。将总的输入功率按一定比例分配,此时总热流等于表面热流与体积热流之和。

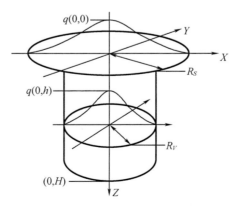

图 2.5.6　高斯平面热源与柱状热源的组合热源

在组合热源中,表面热源一般取高斯型热流分布面热源模型。体热源一般取峰值热流沿深度衰减的高斯柱状热源,或半径沿深度变化、峰值热流递增的旋转体热源。其中面热源控制表面熔池和钉形焊缝的钉头部分,体热源反映匙孔效应导致的深层液体薄层和钉身焊缝。

面热源与体热源的总功率之和与焊接的有效功率 P 相等,即

$$P_S + P_V = P \tag{2.5.27}$$

式中 P_S——面热源功率;

  P_V——体热源功率。

定义面热源 P_S 所占总功率 P 的份额为 γ,则有

$$P_S = \gamma P, P_V = (1-\gamma) P \tag{2.5.28}$$

将给定的面热源功率及体热源功率,代入相应的高斯面热源功率密度分布模型和高斯柱状热源功率密度分布模型,就可以得到相应的组合热源模型。

选择合理的热源模型的宗旨,是依据实际热源特点和焊缝的形貌特征,选取并组合热源模型,使得模拟得到的熔池区域边界与实际焊缝熔合线相符。当使用电弧、高能束流和火焰焊接时,若熔得较浅,则可以采用表面热源模型。对于电子束、激光等深熔焊,则考虑采用表面模型和体模型的组合模型,其中参数要根据实际测量的焊缝熔深和熔宽合理选取。对于薄板焊接的情况,可以采用单纯体模型,也可以忽略温度场在深度方向的变化,简化为二维模拟采用表面模型,或采用均匀分布的高斯柱状模型近似处理。

2.6　薄板焊接热循环计算实例

2.6.1　焊接热循环特征参数

焊接过程中,工件温度随瞬时热源或移动热源的作用而变化。同一位置温度随时间由低而高,达到峰值后又由高而低变化,被称为焊接热循环。焊接热源循环就是焊件温度随时间的变化,描述了焊接中热源对母材金属的热作用过程,如图 2.6.1 所示。

焊缝两侧距焊缝中心远近不同的点,会经历不同的热循环。距焊缝越近的点加热速度越快,峰值高温度越高;越远的点,加热速度越慢,峰值温度越低。

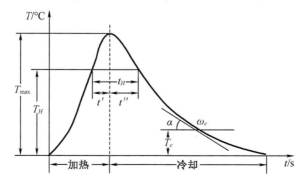

图 2.6.1　焊接热循环的主要参数

1. 加热速度 ω_H

与一般热处理过程相较,焊接加热速度快得多,使体系处于非平衡状态,因而在其冷却过程中,必然影响热影响区的组织和性能。如加热速度 ω_H 上升时,相变温度 T_P 提高,会导致奥氏体化程度下降、碳化物溶解程度下降。

2. 峰值温度 T_{max}

T_{max} 指工件上某一点,在焊接过程中所经历的最高温度,即该点热循环曲线上的峰值温度。不同位置的峰值温度不同,冷却速度不同,得到不同的接头组织和不同的接头性能。如低碳钢和低合金钢接头,熔合线附近 T_{max} 可达 1 300 ~ 1 350 ℃,其母材晶粒发生严重长大,导致接头塑性下降。

3. 相变温度停留时间 t_H

在相变温度以上停留的时间越长,就会有利于奥氏体的均匀化过程。如果温度很高时(如 1 100 ℃以上),即使时间不长,对某些金属来说,也会造成严重的晶粒长大。为了研究问题方便,一般将 t_H 分成两部分:即 t' 加热过程停留时间与 t'' 冷却过程停留时间。

4. 冷却速度 ω_c

冷却速度是决定热影响区组织和性能的最重要参数之一,是研究热过程的重要内容。冷却速度通常是指,一定温度范围内的平均冷却速度,也可以是指某一瞬时的冷却速度。对于低碳钢和低合金钢,比较关心的是熔合线附近,在冷却过程中经过 540 ℃时的瞬时速度,或者是从 800 ℃降温到 500 ℃的冷却时间,即 $t_{8/5}$,这个温度范围的相变最为激烈。

2.6.2　焊接热循环计算实例

以镍基 Inconel 718 合金为例,母材尺寸为 200 mm×100 mm×2 mm。暂时忽略各热物理参数在不同温度下的变化,其热导率 λ 为 14.36 W/(m·℃),密度 ρ 为 8 200 kg/m³,等压比热 c_p 为 460 J/(kg·℃)。则热扩散系数 $\alpha = \lambda/(\rho \cdot c_p)$ 为 3.8×10⁻⁶ m²·s。

焊接热源为电弧,焊接电流 I 为 5 A,焊接电压 U 为 10 V,焊接热效率 η 为 0.75,焊接速率 v_w 为 1 mm/s,热源半径 r_0 为 2 mm,即热源直径 d_0 为 4 mm。因此在均匀网格中,为保证计算连续性,空间步长应不大于 4 mm。热源与均匀网如图 2.6.2 所示。

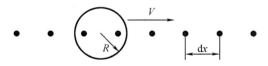

图 2.6.2　热源与均匀网格示意图

当时间步长为 1 s,空间步长为 2 mm 时,不同时刻下的焊缝中心线温度分布曲线如图 2.6.3 所示。

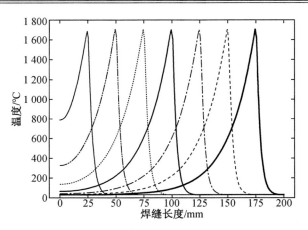

图 2.6.3　不同时刻下的焊缝中心线温度分布曲线

2.6.3　空间步长的影响

如图 2.6.4 所示,空间步长的设置对焊接温度场的计算结果的精度有一定影响。当空间步长 dx>4 mm 时,温度曲线的精度明显下降。

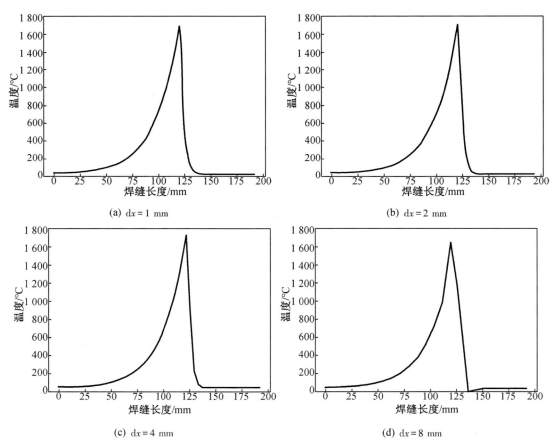

(a) dx = 1 mm

(b) dx = 2 mm

(c) dx = 4 mm

(d) dx = 8 mm

图 2.6.4　不同空间步长条件下,125 s 时焊缝中心沿焊接方向的温度分布

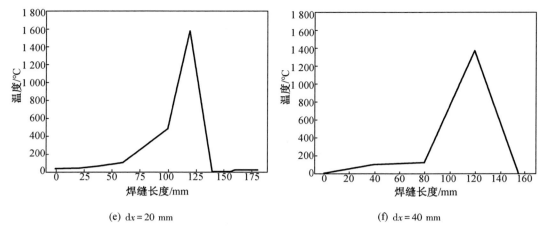

(e) $dx = 20$ mm　　　　　　　　　(f) $dx = 40$ mm

图 **2.6.4**(续)

2.6.4　欧拉法计算收敛性

在时间离散的迭代计算过程中,前向欧拉格式如式(2.6.1),后向欧拉格式如式(2.6.2),Crank-Nicolson 格式如式(2.6.3),也可以改写成更一般的形式,如式(2.6.4)所示:

$$\frac{T_{j+1}-T_j}{h}=f(T_j,t_j) \tag{2.6.1}$$

$$\frac{T_j-T_{j-1}}{h}=f(T_j,t_j) \tag{2.6.2}$$

$$\frac{T_{j+1}-T_j}{h}=\frac{f(T_{j+1},t_{j+1})-f(T_j,t_j)}{2} \tag{2.6.3}$$

$$\frac{T_{j+1}-T_j}{h}=\theta f(T_{j+1},t_{j+1})+(1-\theta)f(T_j,t_j) \tag{2.6.4}$$

式中　　T_j——当前时刻温度;

T_{j+1}——下一时间步时刻温度;

t_j——当前时刻;

t_{j+1}——下一时间步时刻;

h——空间步长。

当式中 $\theta=0$ 时,为向前欧拉法;$\theta=1$ 时,为向后欧拉法;$\theta=0.5$ 时,为 Crank-Nicolson 欧拉法。

当 $\theta=0.5$ 时,空间步长 $dx=2$ mm 时,焊缝中心线距起始约端 100 mm 处,温度变化曲线如图 2.6.6 所示。

可见当 $\theta=0.5$,时间步长为 $dt=1$ s 时精度较高;当 $dt=10$ s 时,计算结果收敛性较差。

当 $\theta=0.4$、$\theta=0.3$,时间步长为 $dt=10$ s 时,计算结果不收敛,已无物理意义。

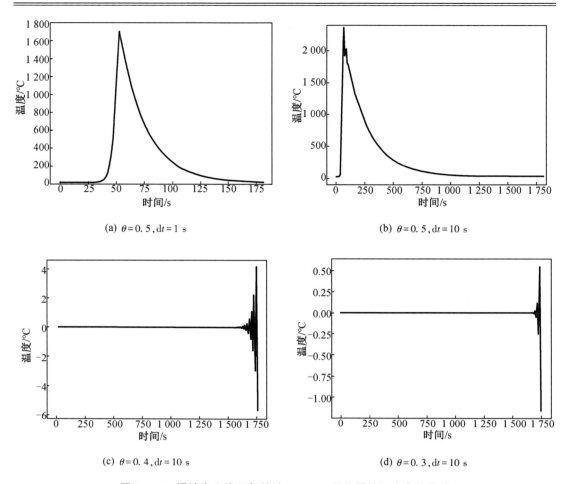

(a) $\theta = 0.5, \mathrm{d}t = 1\ \mathrm{s}$

(b) $\theta = 0.5, \mathrm{d}t = 10\ \mathrm{s}$

(c) $\theta = 0.4, \mathrm{d}t = 10\ \mathrm{s}$

(d) $\theta = 0.3, \mathrm{d}t = 10\ \mathrm{s}$

图 2.6.6　焊缝中心线距起始端 100 mm 处位置的温度变化曲线

第 3 章　焊接热循环 Python 编程实例

3.1　网格划分实例

3.1.1　算域空间

假设将 x 方向上的 $[a,b]$ 区间均匀划分为一维的 N 个单元,每个单元长度皆为 $h=N/(b-a)$,即 $dx=h$。则 $x_i=a+(i-1)h \cdot (i=1,\cdots,N+1)$, x_i 为一维网格节点。$E_i=[x_i,x_i+1] \cdot (i=1,\cdots,N)$, E_i 为一维网格单元。

首先打开 PyCharm 编辑器,确定一个工作文件夹地址 1D_mesh,新建一个 Python 项目(Project),在项目下新建一个空白的 main.py 文件,这是项目的主程序:

```
1D_mesh
|
|main.py
```

在 main.py 中,首先定义算域范围:

```
1.#算域范围
2.x_min: float = 0.0
3.x_max: float = 1.0
```

将 x 方向上的最小值 x_{min} 定义为变量:x_min,数据类型为浮点型:float,数值为:0.0,保留一位小数,单元默认为 m。

将 x 方向上的最大值 x_{max} 定义为变量:x_max,数据类型为浮点型:float,数值为:1.0,保留一位小数,单元默认为 m。

然后将 x 方向上的 $[a,b]$ 区间,均匀地划分为 N 个单元

```
1.# x 方向分段数
2.N_x_partition: int = 5
```

设置分段数 N 定义为变量:N_x_partition,数据类型为整型:int,数值为整数:5。

```
1.#以国际单位制下,1m 为单位长度。
2.# x 方向单位长度内,存在的分段数。
3.N_partition_unit_length=N_x_partition /(x_max - x_min)
```

全算域遵循国际单位制,以 1m 为单位长度。同时求出 x 方向上,每 1 m 有多少个单元,即 N_partition_unit_length。为后期算域的放大和缩小二维和三维计算做准备。

```
1.#算域单元阶数
2.#101:一维一阶; 102:一维二阶
3.order_type: int=101
```

以 order_type 定义算域单元阶数,101 代表一维一阶,即每个一维单元存在前后 2 个节点。102 代表一维二阶,即每个一维单元除前后 2 个节点外,还有第 3 个节点位于单元的中间位置。先以一维一阶单元进行讲解。

```
1.print(
2.   'x_min=% .1f m'% x_min
3.   + '\n' +
4.   'x_max=% .1f m'% x_max
5.   + '\n' +
6.   'N_x_partition=% d'% N_x_partition
7.   + '\n' +
8.   'N_partition_unit_length=% d'% N_partition_unit_length
9.   + '\n' +
10.   'order_type=% d'% order_type
11.)
```

然后运用 print 函数输出各变量的值,进行初步检查。其中以 %.1f 为占位符调用后继向量 % x_min、% x_max 的值,以浮点形式输出,并保留 1 位小数。以 %d 为占位符时,% N_x_partition、% N_partition_unit_length 以整数形式输出。%号不可省略。'\n'为换行符,前后的 +号,可以避免换行后多余的默认空格。

运行后可到输出结果:

```
1.x_min=0.0 m
2.x_max=1.0 m
3.N_x_partition=5
4.N_partition_unit_length=5
5.order_type=101
```

与程序运行结果,与设置一至,表明变量设置成功。

完整程序,如下:

```
1.#算域范围
2.x_min: float = 0.0
3.x_max: float = 1.0
4.
5.# x 方向分段数
6.N_x_partition: int = 5
7.
8.#以国际单位制下,1m 为单位长度。
9.# x 方向单位长度内,存在的分段数。
10.N_partition_unit_length = N_x_partition /(x_max - x_min)
11.
12.#算域单元阶数
13.# 101:一维一阶; 102:一维二阶
14.order_type: int = 101
15.
16.print(
17.    'x_min = % .1f m' % x_min
18.    + '\n' +
19.    'x_max = % .1f m' % x_max
20.    + '\n' +
21.    'N_x_partition = % d' % N_x_partition
22.    + '\n' +
23.    'N_partition_unit_length = % d' % N_partition_unit_length
24.    + '\n' +
25.    'order_type = % d' % order_type
26.)
```

3.1.2　节点设置

在工作目录下,新建一个子文件夹(Python package),命名为 class_1D,用于分类存在一维算域下的各种类。其中会默认建立一个名为_init_. py 的空文件,用于文件调用时的引导。再在其中新建一个名为 class_domain. py 的类文件,用于存放算域中的各种相关信息和变量,如下所示。

```
1D_mesh
   |class_1D
   |  |_init_.py
   |  |class_domain.py
```

```
|  |main
```

想要调用这个类,先要声明这个类的相对位置,在 main. py 的开头输入:

```
1.from class_1D.class_domain import class_domain
```

from class_1D. class_domain 表明,在工作目录下的 class_1D 文件夹中,有一个名为 class_domain 的文件。import class_domain 表明这个文件中,有个名为 class_domain 的类,在执行程序前,要先调用这个类。

```
1.#算域设置
2.domain=class_domain(
3.    order_type,
4.    x_min,
5.    x_max,
6.    N_partition_unit_length
7.)
```

在主程序的末尾,以类 class_domain 设置一个名为 domain 的新实例,用于定义算域。还需要从主程序中调用之前设置的 order_type、x_min、x_max、N_partition_unit_length 四个变量。

```
1.class class_domain:
2.    def __init__(
3.        self,
4.        order_type,
5.        x_min,
6.        x_max,
7.        N_partition_unit_length
8.    ):
```

现在,打开 class_1D 文件夹中的 class_domain. py 文件,在 class 后定义一个名为 class_domain 的类。在 def__init__( ) 的括号中,定义 self、order_type、x_min、x_max、N_partition_unit_length 等变量,其中以 self 在类定义空间内,指代以 class_domain 类定义的实例,如 domain。以 order_type、x_min、x_max、N_partition_unit_length 等变量引入主程序 main. py 中定义的相应变量。这里需要注意变量名称和变量顺序,一定要和主程序中类 class_domain 调用的变量顺序相同,否则将导致错误。

```
1.self.order_type=order_type
```

```
2.self.x_min=x_min
3.self.x_max=x_max
4.self.N_partition_unit_length=N_partition_unit_length
```

将从主程序中调用的变量 order_type，赋值给类 class_domain 中的 self. order_type 变量。这并不是多此一举，能过这一操作，我们可以在主程序中，通过 domain. order_type 调用这一算域中的单元阶数。当 domain_01、domain_02、domain_03 等多个算域同时存在，且需要运用不同的单元阶数时，可以同时面对不同的对象，如算域 01 中的 domain_01. order_type、算域 02 中的 domain_02. order_type、算域 03 中的 domain_03. order_type 等。这些参数可以同时存在，不会相互干涉，其数据结构也更便于管理。self. x_min、self. x_max、self. N_partition_unit_length 等类域内变量，亦如是。

```
1.h_partition=1.0 /N_partition_unit_length
2.self.h_partition=h_partition
```

通过单位长度 1 m 中的单元个数 N_partition_unit_length 的倒数，得到均匀的单元长度 h_partition。这一变量的小数是有意义的，其数据格式需要为 float，而 N_partition_unit_length 为 int 型，因此分子上的 1，应为 1.0，以自动修正等式左边 h_partition 的数据类型。将变量 h_partition，赋值给类 class_domain 中的 self. h_partition 变量。

```
1.N_x_partition=round((x_max - x_min) /h_partition)
```

（x_max−x_min）/ h_partition 为求取算域内，x 方向上的单元个数，即 N_x_partition。当算域范围为单位长度 1 m 时，N_x_partition 与 N_partition_unit_length 相同。但是当算域范围不是 1 m 时，N_x_partition 与 N_partition_unit_length 不同。

而此时又出现了另一个问题，x 方向上的算域范围可能并非整数，即等式右边可能是小数 float 型，而等式左边的 N_x_partition 则必须是整数 int 型。因此需要将等式右边的结果，换算为整数型。这里采用了 round 函数，对等式右边进行四舍五入取值，得到结果为 int 型。

注意到等式右边，可能对算域范围进行了取舍。即算域 x 方向上，可能存在一个单元的长度，不同于均匀单元长度 h_partition。如 1 m 算域中，单元长度 h_partition 为 0.2 m，则算域中正好包含 5 个 0.2 m 的一维单元。但若单元长度 h_partition 为 0.3 m，则算域中包含 3 个 0.3 m 的一维单元，和一个 0.1 m 的一维单元，这将导致后续的计算误差增加。但我们暂时并不引入非均匀网格的求解方法，避免增加现在的学习难度和学习门槛。先以 h_partition 的整数倍算域，进行讲解和练习。

可以尝试将单元长度设置为分数或循环小数，以强制保留均匀网格。或者增加算域内的分段数量，令特殊单元与均匀单元的长度差异减小。在学习过误差计算后，学生们可以自己分析一下，其对计算精度的影响。

```
1.self.N_x_partition=N_x_partition
```

将从主程序中调用的变量 N_x_partition,赋值给类 class_domain 中的 self. N_x_partition 变量。

```
1.h_x_partition=(x_max - x_min) /N_x_partition
2.self.h_x_partition=h_x_partition
```

一维算域 x 方向上的平均分段长度 h_x_partition,等于算域长度除以 x 方向分段数,再将其赋值给类 class_domain 中的 self. h_x_partition 变量。

```
1.N_elements=N_x_partition
2.self.N_elements=N_elements
```

x 方向上的单元数 N_elements ,等于 x 方向上的分段数 N_x_partition。将变量 N_elements,赋值给类 class_domain 中的 self. N_elements 变量。

```
1.N_x_vertices=N_x_partition + 1
2.N_vertices=N_x_vertices
3.self.N_x_vertices=N_x_vertices
4.self.N_vertices=N_vertices
```

一个一维单元有两个顶点,两个相邻单元共用一个顶点,因此在一维算域中,顶点数量比分段数多 1。在一维算域中,顶点总数等于 x 方向顶点数,在二维算域中,顶点总数由 x 方向和 y 方向顶点数共同决定。再将 N_x_vertices、N_vertices 两个变量,赋值给类 class_domain 中的相应变量 self. N_x_vertices 和 self. N_vertices。

```
1.N_x_nodes: int=0
2.N_nodes: int=0
3.
4.if order_type==101:
5.    N_x_nodes=N_x_partition + 1
6.    N_nodes=N_x_nodes
7.elif order_type==102:
8.    N_x_nodes=2 * N_x_partition + 1
9.    N_nodes=N_x_nodes
10.
11.self.N_x_nodes=N_x_nodes
12.self.N_nodes=N_nodes
```

接下来设置算域内的节点数,因为在不同的单元阶数条件下,每个单元节点数亦有不同,所示先设置 x 方向上的节点数 N_x_nodes 为整数,且初始设为 0。然后为二维、三维模型预留总节点数 N_nodes,亦为整数且初始设为 0。

如果算域内全为 1 阶单元,x 方向节点数 N_x_nodes 比 x 方向分段数 N_x_partition 多 1。在一维算域中,总节点数 N_nodes 等于 x 方向节点数 N_x_nodes。再将 N_x_nodes、N_nodes 两个变量,赋值给类 class_domain 中的相应变量 self. N_x_nodes 和 self. N_nodes。

```
1.N_global_basis=N_nodes
2.self.N_global_basis=N_global_basis
```

由于在有限元方法中,每个单元中的节点数量与基函数数量,应保持一致。在此可以设置全算域基函数数量 N_global_basis 等于节点总数 N_nodes。再将 N_global_basis 变量,赋值给类 class_domain 中的相应变量 self. N_global_basis。

此时,类 class_domain. py 文件如:

```
1.class class_domain:
2.    def __init__(
3.            self,
4.            order_type,
5.            x_min,
6.            x_max,
7.            N_partition_unit_length
8.    ):
9.        self.order_type=order_type
10.        self.x_min=x_min
11.        self.x_max=x_max
12.        self.N_partition_unit_length=N_partition_unit_length
13.
14.        h_partition=1.0 /N_partition_unit_length
15.        self.h_partition=h_partition
16.
17.        N_x_partition=round((x_max - x_min) /h_partition)
18.        self.N_x_partition=N_x_partition
19.
20.        h_x_partition=(x_max - x_min) /N_x_partition
21.        self.h_x_partition=h_x_partition
22.
23.        N_elements=N_x_partition
24.        self.N_elements=N_elements
25.
```

```
26.        N_x_vertices = N_x_partition + 1
27.        N_vertices = N_x_vertices
28.        self.N_x_vertices = N_x_vertices
29.        self.N_vertices = N_vertices
30.
31.        N_x_nodes: int = 0
32.        N_nodes: int = 0
33.
34.        if order_type == 101:
35.            N_x_nodes = N_x_partition + 1
36.            N_nodes = N_x_nodes
37.        elif order_type == 102:
38.            N_x_nodes = 2 * N_x_partition + 1
39.            N_nodes = N_x_nodes
40.
41.        self.N_x_nodes = N_x_nodes
42.        self.N_nodes = N_nodes
43.
44.        N_global_basis = N_nodes
45.        self.N_global_basis = N_global_basis
```

主程序 main. py 如下：

```
1.from class_1D.class_domain import class_domain
2.
3.#算域范围
4.x_min: float = 0.0
5.x_max: float = 1.0
6.
7.# x 方向分段数
8.N_x_partition: int = 5
9.
10.#以国际单位制下,1m 为分段长度。
11.# x 方向单位长度内,存在的分段数。
12.N_partition_unit_length = N_x_partition /(x_max - x_min)
11.
14.#算域单元阶数
15.# 101:一维一阶; 102:一维二阶
16.order_type: int = 101
17.
18.#算域设置
```

```
19.domain = class_domain(
20.order_type,
21.x_min,
22.x_max,
23.N_partition_unit_length
24.)
25.
26.print(
27.'domain.order_type = % d' % domain.order_type
28.+ '\n' +
29.'domain.x_min = % .1f m' % domain.x_min
30.+ '\n' +
31.'domain.x_max = % .1f m' % domain.x_max
32.+ '\n' +
33.'domain.N_partition_unit_length = % d' % domain.N_partition_unit_length
34.+ '\n' +
35.'domain.h_partition = % .1f m' % domain.h_partition
36.+ '\n' +
37.'domain.N_x_partition = % d' % domain.N_x_partition
38.+ '\n' +
39.'domain.h_x_partition = % .1f m' % domain.h_x_partition
40.+ '\n' +
41.'domain.N_elements = % d' % domain.N_elements
42.+ '\n' +
43.'domain.N_x_vertices = % d' % domain.N_x_vertices
44.+ '\n' +
45.'domain.N_vertices = % d' % domain.N_vertices
46.+ '\n' +
47.'domain.N_x_nodes = % d' % domain.N_x_nodes
48.+ '\n' +
49.'domain.N_nodes = % d' % domain.N_nodes
50.+ '\n' +
51.'domain.N_global_basis = % d' % domain.N_global_basis
52.)
```

运行结果如下：

```
1.domain.order_type = 101
2.domain.x_min = 0.0 m
3.domain.x_max = 1.0 m
4.domain.N_partition_unit_length = 5
```

```
5.domain.h_partition=0.2 m
6.domain.N_x_partition=5
7.domain.h_x_partition=0.2 m
8.domain.N_elements=5
9.domain.N_x_vertices=6
10.domain.N_vertices=6
11.domain.N_x_nodes=6
12.domain.N_nodes=6
13.domain.N_global_basis=6
```

3.1.3　网格信息矩阵

一维算域内有 n 个单位,如 0.2 m 内有 200 个单位,$n+1$ 个节点,设置端点坐标信息矩阵 P,1 行 $n+1$ 列,在第 j 列储存第 j 个端点的坐标。

$$P=(x_1,x_2,\cdots,x_n,x_{n+1})$$

设置端点编号信息矩阵 T,2 行 $n+1$ 列,在第 j 列储存第 j 个单元的 2 个端点的全域编号。

$$T=\begin{pmatrix}1,2,\cdots,N-1,N\\2,3,\cdots,N,N+1\end{pmatrix}$$

```
1.#预定义端点位置坐标与各单元端点编号
2.P_partition=np.zeros((1,201), dtype=float)
3.T_partition=np.zeros((2,200), dtype=int)
4.
5.#各端点从左到右均匀分布:0.000、0.001、0.002、…、0.2 m
6.P_partition=np.arange(0, 0.2 + 0.001, 0.001)
7.
8.#各单元端点的全域节点编号:[0,1]、[1,2]、[2,3]、…、[199,200]
9.T_partition[0, :]=np.arange(0,200)
10.T_partition[1, :]=np.arange(1,200 + 1)
```

3.2　主　程　序（mian）

```
1.#一维均匀网格实例
2.
3.#导入计时函数
4.import time
5.
```

```
6.#导入自定义算域类函数
7.from class_1D.class_domain import class_domain
8.#导入自定义基函数类函数
9.from class_1D.class_basis import class_basis
10.#导入自定义边界类函数
11.from class_1D.class_boundary import class_boundary
12.
13.#导入自定义瞬态求解函数
14.from solution_transient import solution_transient
15.
16.#导入计算结果绘图函数
17.from plot.plot_solution_png_x import plot_solution
18.
19.#计算开始记时
20.tic = time.time( )
21.
22.#自定义计算域:0~200 mm 即 0~0.2 m
23.x_min = 0.0
24.x_max = 2E-1
25.
26.# x 轴自定义单元数量:200
27.N_x_partition = 2E2
28.# x 轴单位长度(1 m)中的自定义单元数量:1000 个均匀单元
29.N_partition_unit_length = N_x_partition / (x_max - x_min)
30.#自定义单位长度:1 mm 即 0.001 m
31.h_x_partition = 1.0 / N_partition_unit_length
32.
33.#边界条件类型
34.# 1: Dirichlet 边界,已知边界温度
35.# 2: Neumann 边界,已知边界热流密度
36.#3: Robin 边界,已知边界热对流
37.#绝热边界,用于对称面:Neumann 边界且其值为零,result = 0
38.#本实例中一维算域两端皆为 Neumann 边界,
39.boundary_type_x_min: int = 2
40.boundary_type_x_max: int = 2
41.#边界函数必须随边界类型进行修改
42.#其将被导入自定义边界处理函数:treat_boundary
43.
44.#稳态或瞬态求解器选择,稳态为 0,瞬态为 1
45.# steady = 0; transient = 1
46.time_solution: int = 1
```

```
47.
48.#算域阶数类型
49.# 101:一维一阶,一个单元有 2 节点;102:一维二阶,一个单元有 3 个节点
50.#本实例为一维一阶
51.order_type: int = 101
52.
53.# if time_solution = = 1
54.#瞬态求解中的时间算域
55.#初始时刻:0
56.t_start = 0.0
57.#时间步长:1 s
58.t_dt = 1E0
59.#计算总时间步:175 s
60.N_time_steps: int = 175    # 150
61.#结束时刻:175 s
62.t_end = t_start + t_dt * N_time_steps
63.
64.#时间迭代算法
65.#向前 Euler 法: theta = 0
66.#向后 Euler 法: theta = 1
67.# Crank-Nicholson 法: theta = 0.5
68.#本实例采用 Crank-Nicholson 法
69.theta_Euler = 0.5
70.
71.#参考高斯节点数:3,用于高斯积分计算
72.N_Gauss_nodes_1D_line = 3
73.
74.#自定义算域类函数
75.domain = class_domain(
76.    order_type,
77.    x_min,
78.    x_max,
79.    N_partition_unit_length,
80.    t_start,
81.    t_end,
82.    t_dt,
83.    N_time_steps,
84.    theta_Euler
85.)
86.
87.# Domain information matrix and basis functions
```

```
88. #自定义信息矩阵、基函数的类函数
89. basis_trial = class_basis(
90.     domain,
91.     N_Gauss_nodes_1D_line
92. )
93.
94. #本实例中测试函数与试探函数相同
95. basis_test = basis_trial
96.
97. # Boundary information matrix and basis functions
98. #自定义边界信息矩阵、基函数的类函数
99. boundary = class_boundary(
100.    domain,
101.    boundary_type_x_min,
102.    boundary_type_x_max,
103.    N_Gauss_nodes_1D_line,
104.    basis_test
105. )
106.
107. #选择瞬态计算
108. if time_solution == 1:
109.
110. # 自定义瞬态求解函数
111.    solution_vector = solution_transient(
112.        domain,
113.        boundary,
114.        basis_trial,
115.        basis_test,
116.        theta_Euler,
117.        t_start
118.    )
119.
120.    #计算结束计时
121.    toc = time.time()
122.
123.    #计算总时长
124.    Elapsed = toc - tic
125.    #输出总时长
126.    print(f'Elapsed time is: {Elapsed:.1E} seconds.')
127.
128.    #输出计算结果,即焊接热循环温度曲线
```

```
129.    plot_solution(
130.        solution_vector,
131.        domain
132.    )
```

3.3 自定义函数类(class_domain)

3.3.1 算域函数类(class_domain)

```
1.# 自定义算域类函数
2.class class_domain:
3.    def __init__(
4.            self,# 指代本函数
5.            order_type,# 单元阶数
6.            x_min,# 左边界位置
7.            x_max,# 右边界位置
8.            N_partition_unit_length,# 单位长度(1m)中的单元数量
9.            t_start,# 开始时刻
10.            t_end,# 结束时刻
11.            t_dt,# 时间步长
12.            N_time_steps,# 时间步数
13.            theta_Euler# 时间迭代方法
14.    ):
15.
16.        #导入单元阶数、左边界位置、右边界位置、单位长度(1m)中的单元数量
17.        self.order_type=order_type
18.        self.x_min=x_min
19.        self.x_max=x_max
20.        self.N_partition_unit_length=N_partition_unit_length
21.
22.# 单元长度与单元数量
23.        h_partition=1.0 /N_partition_unit_length
24.        N_x_partition=round((x_max - x_min) /h_partition)
25.        self.N_x_partition=N_x_partition
26.
27.#端点数量,1 阶单元有 2 节点 2 端点,2 阶单元有 3 节点 2 端点。
28.        N_x_vertices=N_x_partition + 1
29.        N_vertices=N_x_vertices
```

```
30.        self.N_x_vertices = N_x_vertices
31.        self.N_vertices = N_vertices
32.
33. # 单元数量
34.        N_elements = N_x_partition
35.        self.N_elements = N_elements
36.
37. # 节点数量,默认为 0
38.        N_x_nodes: int = 0
39.        N_nodes: int = 0
40.
41. # 单位长度
42.        h_x_partition = (x_max - x_min) /N_x_partition
43.        self.h_x_partition = h_x_partition
44.
45. # 全域总节点数量
46. # 1 阶单元各有 2 个节点
47. # 2 阶单元各有 3 个节点
48.        if order_type = = 101:
49.            N_x_nodes = N_x_partition + 1
50.            N_nodes = N_x_nodes
51.        elif order_type = = 102:
52.            N_x_nodes = 2 * N_x_partition + 1
53.            N_nodes = N_x_nodes
54.
55. # 全域基函数数量,等于全域节点数量
56.        N_global_basis = N_nodes
57.
58. # 类函数各参数赋值
59.        self.N_x_nodes = N_x_nodes
60.        self.N_nodes = N_nodes
61.        self.N_global_basis = N_global_basis
62.
63.        self.t_start = t_start
64.        self.t_end = t_end
65.        self.theta_Euler = theta_Euler
66.
67.        self.N_time_steps = N_time_steps
68.        self.t_dt = t_dt
```

3.3.2　基函数类(class_basis)

```
1.#导入 numpy 矩阵运算库
2.import numpy as np
3.
4.#导入节点信息函数
5.from generate_P_T.generate_P_T_1D_line import generate_P_T_1D_line
6.#导入基函数信息函数
7.from generate_P_T.generate_Pb_Tb_1D_line import generate_Pb_Tb_1D_line
8.#导入高斯参考位置函数
9.from generate_Gauss.generate_Gauss_reference_1D_line import generate_Gauss
_reference_1D_line
10.#导入高斯本地位置函数
11.from generate_Gauss.generate_Gauss_local_1D_line import generate_Gauss_
local_1D_line
12.
13.
14.#自定义基函数类
15.class class_basis:
16.
17.    def __init__(
18.        self,#指代本函数
19.        domain,#计算域
20.        N_Gauss_nodes_1D_line# 高斯节点数,本实例中为3
21.    ):
22.        # P_partition:各端点位置
23.        # T_partition:各端编号
24.        [P_partition, T_partition]=generate_P_T_1D_line(domain)
25.
26.        self.P_partition=P_partition
27.        self.T_partition=T_partition
28.
29.        #生成算域节点与单元
30.        # P_basis:基函数对应节点位置
31.        # T_basis:各单元节点对应全域节点编号
32.        [P_basis, T_basis]=generate_Pb_Tb_1D_line(domain)
33.
34.        self.P_basis=P_basis
35.        self.T_basis=T_basis
36.
37.        #参考单元高斯点位置与高斯权重
```

```
38.        #在参考单元 [-1,1] 内, 计算高斯积分
39.        [Gauss_weights_reference, Gauss_nodes_reference] \
40.            =generate_Gauss_reference_1D_line(
41.            N_Gauss_nodes_1D_line
42.            )
43.        self.Gauss_weights_reference=Gauss_weights_reference
44.        self.Gauss_nodes_reference=Gauss_nodes_reference
45.
46.        N_elements=domain.N_elements
47.
48.        xh=np.zeros((N_Gauss_nodes_1D_line, N_elements))
49.
50. # 在二维算域中
51.# Jn[0, i_elements] = \
52.(xn2 - xn1) * (yn3 - yn1) -(xn3 - xn1) * (yn2 - yn1)
53. # 在一维均匀算域中
54.# Jn[0, i_elements]=h_x_partition
55.
56. # 预定义 Jn
57.        Jn=np.zeros((1, N_elements))
58.
59.        #各一维单元有 2 个端点,预定义各单元端点位置,与端点全域编号
60.        xn=np.zeros((2, N_elements))
61.        vertices=np.zeros((1, 2, N_elements))
62.
63.        #高斯本地权重与本地位置
64.         Gauss _weights _local = np. zeros ((1, N_Gauss _nodes _1D _line, N_
elements))
65.        Gauss_nodes_local=np.zeros((1, N_Gauss_nodes_1D_line, N_elements))
66.
67. # 循环每个单元,自定义节点位置与全域编号
68.        for i_elements in range(N_elements):
69.
70.#在对应单元中提取端点编号,再由编号找到其位置
71.            vertices[:, :, i_elements] = \
72.                P_basis[T_partition[:, i_elements]]
73.
74.# 本地端点位置
75.            xn1=vertices[0, 0, i_elements]   # local_vertices_x_01
76.            xn2=vertices[0, 1, i_elements]   # local_vertices_x_02
77.
```

```
78.          xn[0, i_elements]=xn1
79.          xn[1, i_elements]=xn2
80.
81.          # Jn=h_x=(xn2 - xn1) * 1
82.          Jn[0, i_elements]=(xn2 - xn1) * 1
83.
84. # 提取本地单元高斯权重与节点位置
85.          [i_Gauss_weights_local, i_Gauss_nodes_local]=generate_Gauss_
local_1D_line(
86.              Gauss_weights_reference,
87.              Gauss_nodes_reference,
88.              Gauss_weights_local[:, :, i_elements],
89.              Gauss_nodes_local[:, :, i_elements],
90.              xn1,  # local_vertices_x_n1
91.              xn2,  # local_vertices_x_n2
92.          )
93.
94.          Gauss_weights_local[:, :, i_elements]=i_Gauss_weights_local
95.          Gauss_nodes_local[:, :, i_elements]=i_Gauss_nodes_local
96. # 循环每个高斯节点,进行赋值
97.          for i_Gauss_point in range(N_Gauss_nodes_1D_line):
98.              x=Gauss_nodes_local[0, i_Gauss_point, i_elements]
99.
100.             Jn_i_elements=Jn[0, i_elements]
101.
102.             xh[i_Gauss_point, i_elements]= \
103.                 (x - xn1)/Jn_i_elements
104.
105.     self.xh=xh
106.     self.Jn=Jn
107.
108.     self.xn=xn
109.
110.     self.vertices=vertices
111.
112.     self.Gauss_weights_local=Gauss_weights_local
113.     self.Gauss_nodes_local=Gauss_nodes_local
114.
115.     self.N_Gauss_nodes_1D_line=N_Gauss_nodes_1D_line
116.
117.     self.N_global_basis=domain.N_nodes
```

```
118.
119.        order_type=domain.order_type
120.        self.order_type=order_type
121.
122.# 预设一阶、二阶单元基函数数量
123.N_local_function：int＝0
124.
125.# 一阶单元基函数数量为 2,二阶单元为 3
126.if order_type＝＝101：
127.            N_local_function＝2
128.    elif order_type＝＝102：
129.            N_local_function＝3
130.
131.        self.N_local_function＝N_local_function
```

3.3.3　边界函数类(class_boundary)

```
1.# 导入 numpy 矩阵运算库
2.import numpy as np
3.
4.
5.# 导入自定义边界单元信息矩阵函数
6.from boundary.generate_boundary_nodes_1D import generate_boundary_nodes_1D
7.# 导入参考单元高斯积分参数
8.from generate_Gauss.generate_Gauss_reference_1D_line import generate_Gauss
_reference_1D_line
9.
10.
11.# 自定义边界单元函数类
12.class class_boundary：
13.
14.    def __init__(
15.        self,# 指代本函数
16.        domain,# 导入算域
17.        type_x_min,# 导入左边界类型
18.        type_x_max,# 导入右边界类型
19.        N_Gauss_nodes_1D_line,# 导入单元高斯点数量
20.        basis_test# 导入测试基函数
21.    )：
22.
23.        x_min=domain.x_min
```

```
24.        x_max=domain.x_max
25.
26.        self.type_x_min=type_x_min
27.        self.type_x_max=type_x_max
28.
29.        self.N_vertices=2#边界单元端点为2
30.
31.        N_elements=domain.N_elements
32.
33.        order_type=basis_test.order_type
34.        self.order_type=order_type
35.
36.        self.N_Gauss_nodes_1D_line=N_Gauss_nodes_1D_line
37.
38.    #导入边界单元信息矩阵
39.    boundary_nodes=\
40.        generate_boundary_nodes_1D(
41.            domain,#导入算域
42.            basis_test,#导入测试基函数
43.            type_x_min,#导入左边界类型
44.            type_x_max,#导入右边界类型
45.            )
46.
47.    N_boundary_nodes=np.size(boundary_nodes,1) #提取边界节点数
48.    self.N_boundary_nodes=N_boundary_nodes
49.    self.boundary_nodes=boundary_nodes
```

3.4　网格信息函数

3.4.1　端点信息函数(generate_P_T_1D_line)

```
1.#导入 numpy 矩阵运算库
2.import numpy as np
3.
4.
5.#自定义节点信息函数
6.def generate_P_T_1D_line(
7.        domain
```

```
8.):
9.
10.    # P:端点位置坐标
11.    # T:各单元端点的全域节点编号
12.
13.# 一维算域左右边界
14.    x_min=domain.x_min
15.    x_max=domain.x_max
16.
17.# 单元数量与单元长度
18.    N_x_partition=domain.N_x_partition
19.    h_x_partition=domain.h_x_partition
20.
21.# 端点数量
22.    N_vertices=domain.N_vertices
23.
24.# 单元阶数,1 阶单元有 2 节点 2 端点,2 阶单元有 3 节点 2 端点
25.    # 1 阶 2 阶单元端点相同,节点不同,基函数不同
26.    order_type=domain.order_type
27.
28.# 预定义端点位置坐标与各单元端点编号
29.    P_partition=np.zeros((1, N_vertices), dtype=float)
30.    T_partition=np.zeros((2, N_x_partition), dtype=int)
31.
32.    # 一阶单元中
33.if order_type==101:
34.
35.# 各端点从左到右均匀分布:0.000、0.001、0.002、…、0.2 m
36.        P_partition=np.arange(x_min, x_max + h_x_partition, h_x_partition)
37.
38.        # 各单元端点的全域节点编号:[0,1],[1,2],[2,3],…,[199,200]
39.        T_partition[0, :]=np.arange(0, N_x_partition)
40.        T_partition[1, :]=np.arange(1, N_x_partition + 1)
41.
42.    # 一阶单元中
43.if order_type==101:
44.        P_partition=np.arange(x_min, x_max + h_x_partition, h_x_partition)
45.
46.        T_partition[0, :]=np.arange(0, N_x_partition)
47.        T_partition[1, :]=np.arange(1, N_x_partition + 1)
48.
```

```
49.#输出端点位置坐标与各单元端点的全域节点编号
50.    return P_partition, T_partition
```

3.4.2　基函数信息函数（generate_Pb_Tb_1D_line）

```
1.import numpy as np
2.
3.
4.def generate_Pb_Tb_1D_line(
5.        domain
6.):
7.
8.    x_min=domain.x_min
9.    x_max=domain.x_max
10.
11.    N_x_partition=domain.N_x_partition
12.    h_x_partition=domain.h_x_partition
13.
14.    N_vertices=domain.N_vertices
15.
16.    order_type=domain.order_type
17.
18.#各基函数对应节点的位置坐标,与各单元基函数对应节点的全域节点编号
19.    P_basis=np.zeros((1, N_vertices), dtype=float)
20.    T_basis=np.zeros((2, N_x_partition), dtype=int)
21.
22.    if order_type==101:
23.        h_x_partition=domain.h_x_partition
24.
25.        P_basis=np.arange(x_min, x_max + h_x_partition, h_x_partition)
26.
27.#单元基函数对应节点数量为2
28.        T_basis[0, :]=np.arange(0, N_x_partition)
29.        T_basis[1, :]=np.arange(1, N_x_partition + 1)
30.
31.    elif order_type==102:
32.        half_h_x_partition=h_x_partition /2
33.        P_basis=np.arange(x_min, x_max + half_h_x_partition, half_h_x_partition)
34.
35.        #单元基函数对应节点数量为3
```

```
36.        T_basis=np.zeros((3, N_x_partition), dtype=int)
37.        T_basis[0, :]=np.arange(0, 2 * N_x_partition - 1, 2)
38.        T_basis[1, :]=np.arange(2, 2 * N_x_partition + 1, 2)
39.        T_basis[2, :]=np.arange(1, 2 * N_x_partition, 2)
40.        # Tb: start, end, middle
41.        #单元基函数编号顺序:头、尾、中
42.
43.#输出基函数节点位置坐标与各单元基函数节点的全域节点编号
44.    return P_basis, T_basis
```

3.5　基　函　数

3.5.1　参考单元基函数(FE_basis_reference_function_1D_line)

在一维算域[0, 1]标准参考单元中基函数中,$x_i = 0$,$x_{i+1} = 1$,$h_x = x_{i+1} - x_i = 1$,由基函数公式

$$\psi_1(x) = \hat{\psi}_1(\hat{x}) = \frac{x_{i+1} - x}{h_x}$$

$$\psi_2(x) = \hat{\psi}_2(\hat{x}) = \frac{x - x_i x}{h_x}$$

得到基函数

$$\hat{\psi}_1(\hat{x}) = 1 - \hat{x}$$

$$\hat{\psi}_2(\hat{x}) = \hat{x}$$

并求解其一阶微分公式

```
1.#自定义参考单元基函数
2.def FE_basis_reference_function_1D_line(
3.        xh,#参考单元高斯点坐标,x̂,[0,1]
4.        order_type,#单元阶数,此实例中为 1 阶单元
5.        i_local_function, #参考单元数量,此实例中为 2
6.        basis_derivatives#求导阶数,此实例中为 1 阶求导
7.):
8.
9.#1 阶求导
10.    basis_derivatives_x=basis_derivatives
11.
12.#预定义输出
```

```
13.     result: float = 0
14.
15.     if order_type == 101:     # 101:一维一阶单元
16.
17.        if i_local_function == 0:# 单元内第 1 个基函数
18.
19.            if basis_derivatives_x == 0:# 不求导
20.                result = 1 - xh
21.            elif basis_derivatives_x == 1:# 1 阶求导
22.                result = -1
23.            elif basis_derivatives_x >= 2:# 2 阶求导
24.                result = 0
25.            else:
26.
27.        elif i_local_function == 1:# 单元内第 2 个基函数
28.
29.            if basis_derivatives_x == 0:# 不求导
30.                result = xh
31.            elif basis_derivatives_x == 1:# 1 阶求导
32.                result = 1
33.            elif basis_derivatives_x >= 2:# 2 阶求导
34.                result = 0
35.
36. # 输出基函数求解结果
37.     return result
```

3.5.2 本地单元基函数仿射映(FE_basis_local_function_1D_line)

将在标准参考算域$[0,1]$中基函数,参考坐标为$\hat{x}$,仿射映像到本地单元$[a,b]$,依据仿射映像方程

$$\psi(x) = \hat{\psi}(\hat{x}) = \hat{\psi}\frac{x-a}{b-a}$$

与链式方程

$$\frac{\partial\psi(x)}{\partial x} = \frac{\partial\psi'(\hat{x})}{\partial\hat{x}} \cdot \frac{\partial\hat{x}}{\partial x}$$

进行编程

```
1. from FE_basis.FE_basis_reference_function_1D_line import FE_basis_reference
_function_1D_line
2.
```

```
3.
4.#自定义本地单元基函数仿射映像
5.def FE_basis_local_function_1D_line(
6.        basis_function,      #基函数,可为试探函数,或测试函数
7.        i_elements,          #单元数
8.        i_local_function,    #各单元内基函数数量
9.        i_Gauss_nodes,       #各单元内高斯点数量
10.       basis_derivatives   # 求导阶数,此实例中为 1 阶求导
11.):
12.
13.# 一维 x 方向求导
14.    basis_derivatives_x=basis_derivatives
15.
16.    #单元阶数,此实例中为 1 阶单元
17.    order_type=basis_function.order_type
18.
19.    #参考单元高斯点坐标,$\hat{x}$,[0,1]
20.    xh=basis_function.xh[i_Gauss_nodes, i_elements]
21.
22.    #本地单元节点坐标
23.    xn1=basis_function.xn[0, i_elements]
24.    xn2=basis_function.xn[1, i_elements]
25.
26.    # Jn=h_x=h=(xn2 - xn1) * 1;
27.    h_x=(xn2 - xn1) * 1
28.    Jn=basis_function.Jn[0, i_elements]
29.
30.    result: float=0
31.
32.        if order_type==101:
33.        if basis_derivatives_x==0:  # 不求导
34.    result = \
35.        FE_basis_reference_function_1D_line(
36.            xh,# 高斯点坐标
37.            order_type,# 单元阶数
38.            i_local_function,# 各单元基函数数量
39.            0# 不求导
40.            )
41.
42.        elif basis_derivatives_x==1:  # 1 阶求导,链式方程
43.            result = \
```

```
44.          (1 /h_x) \
45.          * FE_basis_reference_function_1D_line(
46.              xh,#高斯点坐标
47.              order_type,#单元阶数
48.              i_local_function, #各单元基函数数量
49.              1# 基函数 1 阶求导
50.              )
```

3.6　算域内单元高斯积分参数函数

3.6.1　参考单元高斯积分参数(generate_Gauss_reference_1D_line)

在 $[0, 1]$ 标准参考单元中生成高斯权重系数与高斯点。

```
1.#导入数学库中的开方函数
2.from math import sqrt
3.#导入 numpy 矩阵运算库
4.import numpy as np
5.
6.
7.#自定义参考位置高斯积分参数
8.def generate_Gauss_reference_1D_line(
9.      N_Gauss_nodes# 各单元高斯节点数
10.):
11.
12.    # 在 [-1, 1] 标准参考单元中生成高斯权重系数与高斯点
13.
14.
15.    #高斯阶数与节点数为:3,高斯节点位置为:xi,高斯权重为:wt
16.
17.    if N_Gauss_nodes == 3:
18.
19.        # 预定义高斯节点与高斯权重
20.        xi =np.zeros((1, 3))
21.        wt =np.zeros((1, 3))
22.
23.# 高斯节点位置
```

```
25.        xi[0, 0]=-sqrt(3 /5)
26.        xi[0, 1]=0
27.        xi[0, 2]=sqrt(3 /5)
28.
29.        # 高斯节点权重系数
30.        wt[0, 0]=5 /9
31.        wt[0, 1]=8 /9
32.        wt[0, 2]=5 /9
33.
34.     # 高斯节点权重,与高斯节点位置坐标
35.     Gauss_weights_reference=wt
36.     Gauss_nodes_reference=xi
37.
38.     #输出高斯节点权重,与高斯节点位置
39.     return Gauss_weights_reference, Gauss_nodes_reference
```

3.6.2　本地单元高斯积分参数(generate_Gauss_local_1D_line)

设两侧端点间距:h_x=x2 − x1,

本地单元高斯权重:wt=h/2 * wt0,

本地单元高斯点映射位置:x=h/2 * x0 + x1 + h/2,

wt0、x0 为高斯参考权重与坐标,x1、x2 为本地单元端点坐标。

```
1.#自定义本地单元高斯积分参数,将参考单元高斯积分参数,映射到本地单元位置
2.def generate_Gauss_local_1D_line(
3.        Gauss_weights_reference,# 高斯点参考单元权重
4.        Gauss_nodes_reference,# 高斯点参考单元位置
5.        Gauss_weights_local,# 预定义高斯点本地单元权重
6.        Gauss_nodes_local,# 预定义高斯点本地单元位置
7.        xn1_local,  # local_vertices_x_n1# 本地单元左侧端点位置
8.        xn2_local,  # local_vertices_x_n2# 本地单元右侧端点位置
9.):
10.
11.     # 基本原理:
12.     # 两侧端点间距:h_x=x2 − x1
13.     #本地单元高斯权重:wt =h/2 * wt0
14.     #本地单元高斯点映射位置:x=h/2 * x0 + x1 + h/2
15.     # wt0、x0 为高斯参考权重与坐标,x1、x2 为本地单元端点坐标
16.
17.     #高斯节点参考位置:xh, \hat{x}
```

```
18.    xh=Gauss_nodes_reference[0,:]

19.

20.    # 暂存第 n 个单元本地端点坐标

21.    xn1=xn1_local

22.    xn2=xn2_local

23.

24.    # 第 n 个单元的本地端点间距

25.    h_x=xn2 - xn1

26.

27.    # 本地高斯点权重映射

28.    # Gauss_weights_local=(xn2 - xn1) /(1-(-1)) * Gauss_weights_reference

29.    Gauss_weights_local_x=h_x /2 * Gauss_weights_reference

30.    Gauss_weights_local[0,:]=Gauss_weights_local_x

31.

32.    # 本地高斯点位置映射

33.    # Gauss_nodes_local_x= \

34.    #    (xn2 - xn1) /(1 -(-1)) * xh +(xn2 - xn1) /(1 -(-1)) * 1 + xn1

35.    Gauss_nodes_local_x=h_x /2 * xh + h_x /2 + xn1

36.    Gauss_nodes_local[0,:]=Gauss_nodes_local_x

37.

38.    # 输出本地高斯积分节点权重,与节点位置

39.    return Gauss_weights_local, Gauss_nodes_local
```

3.7 瞬态求解函数(solution_transient)

```
1.#导入 numpy 矩阵运算库

2.import numpy as np

3.

4.#从科学计算库 scipy 中,导入稀疏矩阵计算函数 sparse

5.from scipy import sparse

6.#求解稀疏线性系统 Ax=b,A 为刚度矩阵,b 为载荷向量。

7.from scipy.sparse.linalg import spsolve

8.

9.#导入刚度矩阵 A 编辑函数

10.from assemble.transient.assemble_A_matrix_1D_line import assemble_A_
matrix_1D_line

11.#导入载荷向量 b 编辑函数

12.from assemble.transient.assemble_B_vector_1D_line import assemble_B_
vector_1D_line
```

```
13.#导入边界向量 b 编辑函数
14.from boundary.transient.treat_boundary_1D_line import treat_boundary_1D_
line
15.
16.#导入环境冷却条件,此条件为热对流故记作 Robin
17.#作用于整个一维算域,此实例中简化为固定热对流参数:0.05
18.from function.transient.function_robin import function_robin
19.#导入初始边界条件,此实例中初始时刻为 0,初始温度为均匀的 25℃
20. from function. transient. function _ initial _ condition import function _
initial_condition
21.
22.
23.#自定义瞬态求解函数
24.def solution_transient(
25.        domain,# 导入算域
26.        boundary,# 导入边界
27.        basis_trial,# 导入试探基函数
28.        basis_test,# 导入测试基函数
29.        theta_Euler,# 导入时间迭代方法
30.        t_start# 导入初始时刻
31.):
32.
33.    #刚度矩阵初始化编辑,并初始化其时间迭代矩阵
34.    [A_matrix, M_matrix, A_tilde, A_rest]=assemble_A_matrix_1D_line(
35.        domain,
36.        basis_trial,
37.        basis_test
38.    )
39.
40.    #压缩稀疏列矩阵
41.    A_rest=sparse.csc_matrix(A_rest)
42.
43.    #边界载荷向量 B_vector,与求解向量 solution_vector 初始化编辑,
44.    [B_vector, solution_vector]=assemble_B_vector_1D_line(
45.        domain,
46.        basis_test
47.    )
48.
49.    #时间迭代初始化
50.    #全域时间步数
51.    N_time_steps=domain.N_time_steps
```

```
52.    # 全域基函数,即节点数
53.    N_global_basis = basis_test.N_global_basis
54.    # 载荷向量端点数等于全域端点数
55.    B_vector_size = N_global_basis
56.    #预定义载荷向量的迭代向量
57.    B_tilde = np.zeros((B_vector_size, N_time_steps + 1))
58.    #预定义定义载荷向量的现时向量
59.    B_current = np.zeros((B_vector_size, 1))
60.
61.    t_dt = domain.t_dt # 时间步长
62.    t_current = t_start # 初始化现在时刻为 0
63.
64.    #开始时间迭代计算,时间步数为:N_time_steps
65.    for i_time_step in range(N_time_steps):
66.
67.        # 现在时刻跳转至下一时间步
68.        t_current = t_current + t_dt
69.        # 时间步编号加 1
70.        i_time_step = i_time_step + 1
71.
72.        # 计算原理:
73.        # B_n = theta * B_(n-1) +(1-theta) * B_(n-1) + A_(n-1) * T_(n-1)
74.        # B_n:初始化现在时刻载荷向量
75.        # theta:Crank-Nicholson 迭代系数,为 0.5
76.        # B_(n-1):上一时刻载荷向量
77.        # A_(n-1):上一时刻刚度矩阵
78.        # T_(n-1):上一时刻温度分布
79.        B_tilde[:, i_time_step] = \
80.            theta_Euler * B_vector[:, i_time_step] \
81.            +(1 - theta_Euler) * B_vector[:, i_time_step - 1] \
82.            + A_rest * solution_vector[:, i_time_step - 1]
83.
84.        #加载边界条件后,
85.        #再求解现在时刻的刚度矩阵 A_tilde_boundary
86.        #和载荷向量 B_tilde_boundary
87.        [A_tilde_boundary, B_tilde_boundary] = treat_boundary_1D_line(
88.            A_tilde, #现在时刻初始刚度矩阵
89.            B_tilde,    #现在时刻初始载荷向量
90.            domain, #算域
91.            basis_trial, #试探基函数
92.            basis_test, #测试基函数
```

```
93.            boundary,#边界条件
94.            i_time_step,#现在时间步
95.            t_current#现在时刻
96.        )
97.
98.        #对现在时刻刚度矩阵和载荷向量,进行内存压缩
99.        i_A_tilde_boundary = sparse.csc_matrix(A_tilde_boundary)
100.      i_B_tilde_boundary = sparse.csc_matrix(B_tilde_boundary[:, i_time_
step]).T
101.
102.      #对现在时刻温度分布
103.      #求解稀疏线性系统 Ax=b,A 为刚度矩阵,b 为载荷向量。
104.      solution_vector[:, i_time_step] = sparse.linalg.spsolve(i_A_tilde_
boundary, i_B_tilde_boundary)
105.
106.      #考虑全域环境散热
107.      solution_vector[:, i_time_step] = \
108.          solution_vector[:, i_time_step] \
109.          - function_robin(0) \
110.          * (solution_vector[:, i_time_step] - function_initial_condition
(0, t_start, domain))
111.
112. return solution_vector
```

3.8　刚度矩阵与载荷向量组装函数(assemble)

3.8.1　刚度矩阵高斯积分累加函数(assemble_matrix_1D_line)

```
1.#导入 numpy 矩阵运算库
2.import numpy as np
3.
4.#导入本地单元基函数
5.from FE_basis.FE_basis_local_function_1D_line import FE_basis_local_
function_1D_line
6.
7.#自定义初始化刚度矩阵函数
8.def assemble_matrix_1D_line(
9.        function_coefficient,#热物理系数函数
```

```
10.        domain,# 算域
11.        basis_trial,# 试探基函数
12.        basis_test,# 测试基函数
13.        A_matrix_size,# 刚度矩阵行列数
14.        basis_derivatives# 试探、测试基函数导数阶数,此实例中为一阶导数
15.):
16.    # 预定义刚度矩阵,由刚度矩阵行列数信息矩阵导入
17.    #行数等于单元内试探函数个数,列数等于测试函数个数
18.    A_matrix=np.zeros((A_matrix_size[0,0],A_matrix_size[0,1]))
19.
20.    # 全域单元数
21.    N_elements=domain.N_elements
22.
23.    # 本地试探基函数个数,与本地测试基函数个数
24.    N_local_function_trial=basis_trial.N_local_function
25.    N_local_function_test=basis_test.N_local_function
26.
27.    # 基函数单元节点编号信息矩阵
28.    T_basis_trial=basis_trial.T_basis
29.    T_basis_test=basis_test.T_basis
30.
31.    # 映射参数
32.    Jn=basis_test.Jn
33.
34.    # 高斯点数量
35.    N_Gauss_nodes=basis_trial.N_Gauss_nodes_1D_line
36.
37.    # 本地高斯点权重与坐标
38.    Gauss_weights_local=basis_trial.Gauss_weights_local
39.    Gauss_nodes_local=basis_trial.Gauss_nodes_local
40.
41.    # 基函数导数
42.    basis_derivatives_trial=basis_derivatives[0]
43.    basis_derivatives_test=basis_derivatives[1]
44.
45.    # 循环全算域每个单元
46.    for i_elements in range(N_elements):
47.
48.    #循环各单元的试探函数(循环刚度矩阵各行)
49.    for j_local_function_trial in range(N_local_function_trial):     # 循环各
单元的测试函数(循环刚度矩阵各列)
```

```
50.    for i_local_function_test in range(N_local_function_test):
51.    # 初始化积分值为零
52.                    integral_value: float = 0
53.
54.        # 循环各单元的每个高斯点
55.                for i_Gauss_nodes in range(N_Gauss_nodes):
56.
57.        # 第 n 个单元内的高斯积分累加计算
```

58.   # $\displaystyle\int_{x_n}^{x_{\{n+1\}}} c\psi'_n \varphi'_n \mathrm{d}x$

```
59.                    integral_value = \
60.                    integral_value \
61.                    + Gauss_weights_local[0, i_Gauss_nodes, i_elements] \
62.                    * function_coefficient(
63.                        Gauss_nodes_local[0, i_Gauss_nodes, i_elements]) \
64.                    * FE_basis_local_function_1D_line(
65.                        basis_trial,
66.                        i_elements,
67.                        j_local_function_trial,
68.                        i_Gauss_nodes,
69.                        basis_derivatives_trial
70.                    ) \
71.                    * FE_basis_local_function_1D_line(
72.                        basis_test,
73.                        i_elements,
74.                        i_local_function_test,
75.                        i_Gauss_nodes,
76.                        basis_derivatives_test
77.                    )
78.
79.        # 此高斯点在刚度矩阵中的列数
80.                    j_nodes = T_basis_trial[j_local_function_trial, i_elements]
81.        # 此高斯点在刚度矩阵中的行数
82.                    i_nodes = T_basis_test[i_local_function_test, i_elements]
83.        # 将计算所得高斯积分,记入刚度矩阵相应位置
84.                    A_matrix[i_nodes, j_nodes] = A_matrix[i_nodes, j_nodes] +
integral_value
85.
86.    # 输出 初始刚度矩阵
87.    return A_matrix
```

3.8.2 初始化刚度矩阵函数(assemble_A_matrix_1D_line)

```
1.#导入 numpy 矩阵运算库
2.import numpy as np
3.
4.#导入刚度矩阵高斯积分累加函数
5.from assemble.assemble_matrix_1D_line import assemble_matrix_1D_line
6.#导入单元函数:1.0
7.from function.function_one import function_one
8.#导入热物理系数函数,即热扩散系数 from function.transient.function_coefficient
import function_coefficient
9.
10.
11.#自定义刚度矩阵组装函数
12.def assemble_A_matrix_1D_line(
13.        domain,#算域
14.        basis_trial,#试探基函数
15.        basis_test #测试基函数
16.):
17.
18.    #组装初始刚度矩阵,基函数数量等于节点数,亦为刚度矩阵行列数
19.    N_basis_trial=basis_trial.N_global_basis
20.    N_basis_test=basis_test.N_global_basis
21.    A_matrix_size=np.array([[N_basis_trial, N_basis_test]])
22.
23.# 各单元高斯积分累加,记入刚度矩阵相应位置,不求导,用于时间迭代
24.    M_matrix=assemble_matrix_1D_line(
25.        function_one,#单元函数
26.        domain, #算域
27.        basis_trial,#试探函数
28.        basis_test,  #测试函数
29.        A_matrix_size, #刚度矩阵行列数
30.        np.array([0,0]) #标量方程无方向,只需要一个刚度矩阵
31.    )
32.
33.    #标量方程无方向,且均匀材料各向同性
34.    function_coefficient_11=function_coefficient
35.
36.    #试探、测试函数求导阶数为一阶导数
37.    # $\int_{x_n}^{x_{|n+1|}} c\psi'_n\varphi'_n \mathrm{d}x$
```

```
38.    basis_derivatives_11 = np.array([1, 1])
39.
40.    #各向同性,只需要一个刚度矩阵。
41.    #求解各单元高斯积分累加结果,求一阶导数,并记入刚度矩阵相应位置
42.    A_matrix_01 = assemble_matrix_1D_line(
43.        function_coefficient_11,# 材料热物理参数方程
44.        domain,#算域
45.        basis_trial,#试探函数
46.        basis_test,#测试函数
47.        A_matrix_size,#刚度矩阵特殊数
48.        basis_derivatives_11# 试探、测试函数求导阶数为一阶导数
49.    )
50.
51.    #各向同性
52.    A_matrix = A_matrix_01
53.
54.    t_dt = domain.t_dt    #时间步长
55.    theta_Euler = domain.theta_Euler # 时间迭代方法
56.
57.    # 现在时刻瞬态刚度矩阵
58.    A_tilde = M_matrix /t_dt + theta_Euler * A_matrix
59.    #上一时刻刚度矩阵
60.    A_rest = M_matrix /t_dt -(1.0 - theta_Euler) * A_matrix
61.
62.    return A_matrix, M_matrix, A_tilde, A_rest
```

3.8.3　初始化载荷向量函数(assemble_B_vector_1D_line)

```
1.#导入 numpy 矩阵运算库
2.import numpy as np
3.
4.#导入载荷向量高斯积分累加函数
5.from assemble.transient.assemble_vector_1D_line import assemble_vector_1D_line
6.
7.#导入全算域初始化函数
8.from function.transient.function_initial_condition import function_initial_condition
9.
10.
11.#自定义载荷向量初始化函数
```

```
12.def assemble_B_vector_1D_line(
13.        domain,         #算域
14.        basis_test, # 测试基函数
15.):
16.
17.    P_basis_test = basis_test.P_basis    # 节点坐标
18.    # 全域基函数个数,即全域节点个数
19.    N_global_basis = basis_test.N_global_basis
20.    t_start = domain.t_start# 起始时刻
21.    N_time_steps = domain.N_time_steps# 总时间步数
22.
23.    # 预定义求解向量
24.    solution_vector = np.zeros((N_global_basis, N_time_steps + 1))
25.
26.    ############################################################
27.    #全算域节点初始化
28.    for i_global_nodes in range(N_global_basis):
29.        result_start = \
30.            function_initial_condition(
31.                P_basis_test[i_global_nodes],# 节点坐标
32.                t_start,                        # 初始时间
33.                domain# 算域
34.                )
35.    # 求解向量初始化
36.        solution_vector[i_global_nodes, 0] = result_start
37.
38.    ############################################################
39.    B_vector_size = N_global_basis# 载荷向量元素个数,等于全域节点数
40.
41.    t_start = domain.t_start# 初始时间
42.    t_current = t_start # 初始化现在时刻
43.    t_dt = domain.t_dt# 时间步长
44.
45.    # 预定义各时间步载荷向量
46.    B_vector = np.zeros((B_vector_size, N_time_steps + 1))
47.
48.# 循环各时间步
49.for i_time_step in range(N_time_steps + 1):
50.
51.    # 求解各节点高斯积分累加结果,并记入载荷向量相应位置
52.        B_current = assemble_vector_1D_line(
```

```
53.            domain,#算域
54.            basis_test,#测试函数
55.            B_vector_size, # 载荷向量元素个数
56.            0, # 不求导
57.            t_current # 现在时刻
58.        )
59.
60.      # 记入现在时间步的载荷向量
61.      B_vector[:, i_time_step]=B_current[:, 0]
62.
63.    t_current = t_current + t_dt    #进入下一时刻
64.
65.    return B_vector, solution_vector
```

3.8.4　载荷向量高斯积分累加函数(assemble_vector_1D_line)

```
1.#导入 numpy 矩阵运算库
2.import numpy as np
3.
4.#导入本地单元基函数
5.from FE_basis.FE_basis_local_function_1D_line import FE_basis_local_
function_1D_line
6.#导入热源函数
7.from function.transient.function_source import function_source
8.
9.
10.#自定义载荷向量高斯积分累加函数
11.def assemble_vector_1D_line(
12.        domain,
13.        basis_test,
14.        B_vector_size,
15.        basis_derivatives_boundary_test,
16.        t_current
17.):
18.
19.    # B = sparse(Nb_test)
20.    B_vector=np.zeros((B_vector_size, 1))
21.
22.    N_elements=domain.N_elements
23.
24.    N_local_function_test=basis_test.N_local_function
```

```
25.
26.    T_basis_test = basis_test.T_basis
27.    Jn = basis_test.Jn
28.
29.    N_Gauss_nodes = basis_test.N_Gauss_nodes_1D_line
30.
31.    Gauss_weights_local = basis_test.Gauss_weights_local
32.    Gauss_nodes_local = basis_test.Gauss_nodes_local
33.
34.    for i_elements in range(N_elements):
35.        for i_local_function_test in range(N_local_function_test):
36.
37.            integral_value: float = 0
38.
39.            for i_Gauss_nodes in range(N_Gauss_nodes):
40.                integral_value = \
41.                    integral_value \
42.                    + Gauss_weights_local[0, i_Gauss_nodes, i_elements] \
43.                    * function_source(
44.                        Gauss_nodes_local[0, i_Gauss_nodes, i_elements],
45.                        t_current,
46.                        domain
47.                    ) \
48.                    * FE_basis_local_function_1D_line(
49.                        basis_test,
50.                        i_elements,
51.                        i_local_function_test,
52.                        i_Gauss_nodes,
53.                        basis_derivatives_boundary_test
54.                    )
55.
56.            # No in 1D
57.            # integral_value = integral_value * abs(Jn[0, i_elements])
58.
59.            i = T_basis_test[i_local_function_test, i_elements]
60.
61.            B_vector[i, 0] = B_vector[i, 0] + integral_value
62.
63.    return B_vector
```

3.9　边界向量组装函数（**boundary**）

3.9.1　边界向量编辑函数（treat_boundary_1D_line）

```
1.#导入 numpy 矩阵运算库
2.import numpy as np
3.
4.#导入自定义参数函数,即热传导方程中的参数项
5.#热扩散系数:alpha=lamda /(rho * cp)
6.from function.transient.function_coefficient import function_coefficient
7.
8.#导入自定义边界函数
9.from function.transient.function_boundary_heat import function_boundary
10.
11.
12.#自定义边界处理类函数
13.def treat_boundary_1D_line(
14.    A_matrix,#原始刚度矩阵,未加载边界条件
15.    B_vector,#原始载荷向量,未加载边界条件
16.    domain,#算域函数
17.    basis_trial,#试探基函数
18.    basis_test,#测试基函数
19.    boundary,#边界函数
20.    i_time_step,#时间步数
21.    t_current#现在时刻
22.):
23.    #边界信息矩阵,边界节点类型,及其在全算域中的位置
24.    # boundary_nodes(1,k)=1:Dirichlet 型边界节点
25.    # boundary_nodes(1,k)=2:Neumann 型边界节点
26.    # boundary_nodes(1,k)=3:Robin 型边界节点
27.    # boundary_nodes(2,k):第 k 个边界节点的全算域节点编号
28.
29.    #提取试探、测试基函数中的节点位置与节点编号
30.    P_basis_trial=basis_trial.P_basis
31.    T_basis_trial=basis_trial.T_basis
32.    P_basis_test=basis_test.P_basis
33.    T_basis_test=basis_test.T_basis
34.    #提取本地基函数个数,由算域基函数阶数决定,1 阶为 2 个,2 阶为 3 个。
35.    N_local_function_trial=basis_trial.N_local_function
```

```
36.    N_local_function_test = basis_test.N_local_function
37.
38.    #提取高斯节点数
39.    N_Gauss_nodes_1D_line = boundary.N_Gauss_nodes_1D_line
40.    boundary_nodes = boundary.boundary_nodes
41.    N_boundary_nodes = np.size(boundary_nodes, 1)
42.
43.    #边界法线方向符号,向左为负,记为-1;向右为正,记为1;初始默认为0
44.    j_sign: int = 0
45.
46.    #边界各节点循环
47.    for i_boundary_nodes in range(N_boundary_nodes):
48.
49.        #1:Dirichlet;2:Neumann;3:Robin
50.
51.        if boundary_nodes[0, i_boundary_nodes] == 2: # Neumann
52.
53.            #边界节点数量
54.            i_nodes = boundary_nodes[1, i_boundary_nodes]
55.            #边界法线方向符号,向左为负,记为-1;向右为正,记为1
56.            j_orient = boundary_nodes[2, i_boundary_nodes]
57.            if j_orient == 11:# 一维算域左边界
58.                j_sign = -1
59.            elif j_orient == 12:# 一维算域右边界
60.                j_sign = 1
61.
62.            #自定义 Neumann 边界条件,q_Robin = 0
63.            #r_Neumann 为热流密度,r_Neumann = 0 时为绝热边界
64.            [q_Robin, r_Neumann] = \
65.                function_boundary(
66.                    P_basis_test[i_nodes],
67.                    t_current,
68.                    domain
69.                )
70.
71.            #载荷向量,加载 Neumann 边界条件
72.            #与边界法线方向、边界热流密度、热扩散系数相关
73.            B_vector[i_nodes, 0] = \
74.                B_vector[i_nodes, 0] \
75.                + \
76.                j_sign \
```

```
77.              * r_Neumann \
78.              * function_coefficient(
79.                P_basis_test[i_nodes]
80.              )
81.
82.  #加载边界条件后,输出刚度矩阵与载荷向量
83.    return A_matrix, B_vector
```

3.9.2　边界单元信息矩阵函数(generate_boundary_nodes_1D)

```
1.#导入 numpy 矩阵运算库
2.import numpy as np
3.
4.
5.#自定义边界单元高斯积分参数函数
6.def generate_boundary_nodes_1D(
7.        domain,# 导入算域类
8.        basis_test,# 导入测试基函数
9.        type_x_min,# 左端点边界类型
10.        type_x_max,# 右端点边界类型
11.):
12.
13.    #boundary_nodes [:, i_node] 边界单元节点信息矩阵
14.    #第 i 列记录第 i 个节点 i_node
15.    #第一行为边界类型,第二行为该节点全域编号,第三行为自定义边界编号
16.    # boundary_nodes[0, i_node]=boundary type
17.    # boundary_nodes[1, i_node]=node number, global
18.    # boundary_nodes[2, i_node]=boundary number,
19.    # x_min: 11, x_max: 12, y_min: 21, y_max: 22
20.
21.    order_type=domain.order_type# 导入单元阶数
22.    T_basis=basis_test.T_basis# 导入全域各单元节点编号
23.
24.    N_elements=domain.N_elements
25.
26.    #预定义边界节点信息矩阵
27.    boundary_nodes=np.zeros((3, 2), dtype=int)
28.
29.    #一维左边界:x_min
30.    boundary_nodes[0, 0]=type_x_min# 导入左边界类型
31.    boundary_nodes[1, 0]=T_basis[0, 0]# 导入左边界节点编号
```

```
32.    boundary_nodes[2,0]=11# 自定义一维左边界编号
33.
34.    #一维右边界:x_max
35.    boundary_nodes[0,1]=type_x_max# 边界类型
36.    boundary_nodes[1,1]=T_basis[1,N_elements-1]# 节点编号
37.    boundary_nodes[2,1]=12# 右边界编号
38.
39. # 输出边界节点信息矩阵
40.    return boundary_nodes
```

第 4 章　配　置　函　数

4.1　参数方程（function）

4.1.1　回 1 方程（function_one）

简单方程，调用后返回参数 1

```
1.def function_one(x):
2.    return 1.0
```

4.1.2　边界条件方程（function_boundary）

简单边界条件，左边界 x_min，与右边界 x_max，皆为 Neumann 边界条件，且热流密度为零。

```
1.from math import exp
2.
3.
4.def function_boundary(
5.    x,
6.    t,
7.    domain
8.):
9.
10.    x_min=domain.x_min
11.    x_max=domain.x_max
12.
13.    q_Robin: float=0.0
14.    result: float=0.0
17.
16.    if x==x_min:
17.        ## Default q_Robin, coefficient of u(x)
```

```
18.        # q_Robin = 0
19.        # # Dirichlet x_min
20.        # result = 0
21.
22.        # Neumann x_min
23.        q_Robin = 0
24.        # result = 25
25.        result = 0
26.
27.        # # Robin x_min
28.        # q_Robin = 1      # Coefficient of u(x)
29.        # result = 0
30.
31.    elif x = = x_max:
32.        # # Default q_Robin, coefficient of u(x)
33.        # q_Robin = 0
34.        # # Dirichlet x_max
35.        # result = 0
36.
37.        # Neumann x_max
38.        q_Robin = 0
39.        result = 0
40.
41.        # # Robin x_min
42.        # q_Robin = 1      # Coefficient of u(x)
43.        # result = 1
44.
45.    return q_Robin, result
```

4.1.3 热物理参数方程(function_coefficient)

傅里叶热传导方程与密度、热导率、比热容等热物理参数有关,并可由以上参数求得热扩散系数。

```
1.def function_coefficient(x):
2.    # result = 0.1
3.
4.    #热导率
5.    lamda = 14.36    # W /( m * degC)
6.    #密度
7.    rho = 8200       # kg /m^3
```

```
8.    #等压比热
9.    cp = 460        # J/（kg * degC）
10.   #热扩散系数
11.   alpha = lamda /（ rho * cp ）  # 3.807E-6 m^2/s
12.   result = alpha
13.
14.   return result
```

4.1.4　初始状态方程（function_initial_condition）

设置一个简单的、均匀的初始温度状态。

```
1.def function_initial_condition(
2.        x,
3.        t,
4.        domain
5.):
6.
7.    x_min = domain.x_min
8.    x_max = domain.x_max
9.
10.   t_start = domain.t_start
11.
12.   result_start: float = 0
13.
14.   if t == t_start:
15.       # Time, t = 0
16.       result_start = 25   # 25 degC
17.
18.   return result_start
```

4.1.5　环境热交换散热方程（function_robin）

焊接板底部散热。

```
1.def function_robin(x):
2.
3.    return 0.05
```

4.1.6 热源方程(function_source)

在这里设置一个简单的高斯柱状热源。

```python
1.import math
2.from math import exp
3.
4.
5.def function_source(x, t, domain):
6.    result: float = 0
7.
8.    pi = math.pi
9.
10.    #焊接电流
11.    Iw = 5.0   # A
12.
13.    #焊接电压
14.    Uw = 10.0   # V
15.
16.    #焊接热效率
17.    eta = 0.75
18.
19.    #有效焊接功率
20.    P = eta * Uw * Iw
21.
22.    #焊接速度
23.    vw = 1.0E-3   # m/s
24.
25.    #焊接热源半径
26.    r0 = 2.0E-3   # m
27.
28.# 热源中心最大热流密度
29.    qm = 3 * P /(pi * r0 ** 2)   # 8.9525E7 W/m^2
30.
31.# 高斯热源
32.    qf_gauss = qm * exp(-3 *((x - vw * t) ** 2 + 0 ** 2) / r0 ** 2)   # W/m^
2, J/(m^2·s)
33.
34.    #热源深度:
35.    h_q = 2E-3        # m
36.
```

```
37.    #材料密度
38.    rho = 8200   # kg/m^3
39.    # rho * h_p = 16.4 kg/m^2 # 单位面积参考密度
40.
41.    # 等压比热
42.    cp = 460   # J/(kg·K)
43.    # rho * cp * h_q = 7544 J/(m^2·K) # 单位面积截面参考热容
44.
45.    qt = qf_gauss /(rho * cp * h_q)     # K/s 单位时间升温速度
46.    result = qt
47.
48.    return result
```

4.2 绘图函数(plot)

4.2.1 绘制动图(plot_solution_gif)

```
1.import numpy as np
2.import matplotlib.pyplot as plt
3.import matplotlib.animation as animation
4.
5.
6.def plot_solution(
7.      solution_vector,
8.      domain
9.):
10.    N_frames_interval: int = 2
11.
12.    # fig = plt.figure(figsize=(5, 10), dpi=100)
13.    fig = plt.figure(dpi=120)
14.    ax = fig.add_subplot(111)
15.
16.    x_min = domain.x_min
17.    x_max = domain.x_max
18.    h_x_partition = domain.h_x_partition
19.    N_x_partition = domain.N_x_partition
20.    N_time_steps = domain.N_time_steps
21.
```

```
22.     # plt.xlim(x_min, x_max)
23.     plt.ylim(0, 1800)
24.
25.     x_value = np.arange(x_min, x_max, h_x_partition)
26.     x_steps = np.arange(0, N_x_partition, 1)
27.     time_steps = np.arange(0, N_time_steps, 1)
28.
29.     # plot_vector = solution_vector[:, 0]
30.     # line, = ax.plot(x, plot_vector[x/h_x_partition])
31.     line, = ax.plot(
32.         x_value, solution_vector[x_steps, N_time_steps], linestyle = '-',
linewidth = '3', color = 'b'
33.     )
34.
35.     def animate(i_step):
36.         line.set_ydata(solution_vector[x_steps, i_step * N_frames_inter-
val])
37.         return line,
38.
39.     def init():
40.         line.set_ydata(solution_vector[x_steps, 0])
41.         return line,
42.
43.     N_frames = int(N_time_steps / N_frames_interval)
44.     ani = animation.FuncAnimation(
45.         fig = fig, func = animate, frames = N_frames, init_func = init, interval =
20
46.     )
47.
48.     (x, y, w, h) = (1800, 200, 800, 600)   # The desiredposition
49.     plt.get_current_fig_manager().window.setGeometry(x, y, w, h)
50.
51.     plt.xlabel('Length(mm)', fontsize = 14)
52.     plt.ylabel('Temperature( $^\circ$C)', fontsize = 14)
53.
54.     plt.title('Weld thermal cycle', fontsize = 14)
55.
56.     # plt.xlim(x_min, x_max)
57.     plt.ylim(0, 1800)
58.
59.     ani.save("./plot/T-field.gif", writer = 'pillow')
```

```
60.
61.    plt.show(block=True)
```

4.2.2　绘制某点热循环(plot_solution_png_t)

```
1.import numpy as np
2.import matplotlib.pyplot as plt
3.from matplotlib.font_manager import FontProperties
4.font_set=FontProperties(fname=r"c:\windows\fonts\simsun.ttc",size=12)
5.
6.
7.def plot_solution(
8.        solution_vector,
9.        domain
10.).:
11.    N_frames_interval: int=2
12.
13.    plt.close()
14.    fig=plt.figure(figsize=(8.0,6.0),dpi=100)
15.    plt.rcParams['xtick.direction']='in'
16.    plt.rcParams['ytick.direction']='in'
17.    # ax=fig.add_subplot(111)
18.
19.    x_min=domain.x_min
20.    x_max=domain.x_max
21.    h_x_partition=domain.h_x_partition
22.    N_x_partition=domain.N_x_partition
23.    N_time_steps=domain.N_time_steps
24.    t_dt=domain.t_dt
25.    order_type=domain.order_type
26.
27.    x_value=np.arange(0,(N_time_steps + 1) * t_dt, t_dt)
28.    x_steps=x_steps=np.arange(0, N_time_steps, 1)
29.    y_value=solution_vector[round(N_x_partition /4), :]
30.
31.    plt.plot(x_value, y_value, linestyle='-', linewidth='3', color='b')
32.
33.    (x, y, w, h)=(800, 200, 800, 600)   # The desired position
34.    # plt.get_current_fig_manager().window.setGeometry(x, y, w, h)
35.    fig.set_size_inches(8, 6)
36.
```

```
37.    # plt.xlim( x_min, x_max)
38.    plt.ylim( 0, 1800)
39.    plt.tick_params( labelsize = 14)    # Scale font size
40.
41.    # plt.title('Weld thermal cycle', fontsize = 20)
42.    plt.xlabel('时间 / s', fontsize = 20, fontproperties = font_set)
43.    plt.ylabel('温度 / $ ^\circ C $', fontsize = 20, fontproperties = font_set)
44.
45.    # ani.save( './plot /T-circle.gif', writer = 'pillow')
46.    plt.savefig( './plot /T-circle-t.eps', bbox_inches = 'tight')
47.    plt.savefig( './plot /T-circle-t.svg', bbox_inches = 'tight')
48.    plt.savefig( './plot /T-circle-t.png', bbox_inches = 'tight')
49.
50.    plt.show( block = True)
```

4.2.3 绘制不同时刻的温度分布(plot_solution_png_x)

```
1. import numpy as np
2. import matplotlib.pyplot as plt
3. import matplotlib.animation as animation
4. import matplotlib.ticker as ticker
5. from matplotlib.font_manager import FontProperties
6. font_set = FontProperties( fname = r"c: \windows \fonts \simsun.ttc", size = 12)
7.
8.
9. def plot_solution(
10.        solution_vector,
11.        domain
12. ):
13.    N_frames_interval: int = 2
14.
15.    plt.close()
16.    fig = plt.figure( figsize = (8.0, 6.0), dpi = 100)
17.    plt.rcParams['xtick.direction'] = 'in'
18.    plt.rcParams['ytick.direction'] = 'in'
19.    # ax = fig.add_subplot(111)
20.
21.    x_min = domain.x_min
22.    x_max = domain.x_max
23.    h_x_partition = domain.h_x_partition
24.    N_x_partition = domain.N_x_partition
```

```
25.    N_time_steps = domain.N_time_steps
26.    order_type = domain.order_type
27.
28.    x_value = np.arange(x_min, x_max, h_x_partition) * 1E3
29.    x_steps = x_steps = np.arange(0, N_x_partition, 1)
30.    if order_type == 102:
31.        x_value = np.arange(x_min, x_max, h_x_partition /2)  * 1E3
32.        x_steps = x_steps = np.arange(0, N_x_partition * 2, 1)
33.
34.    for i_times in range(0, N_time_steps, round(N_time_steps /7)):
35.        y_value = solution_vector[x_steps, i_times]
36.        plt.plot(x_value, y_value, linestyle='-', linewidth ='3')
37.    y_value = solution_vector[x_steps, N_time_steps]
38.    plt.plot(x_value, y_value, linestyle ='-', linewidth ='3', color ='b')
39.
40.    (x, y, w, h) = (800, 200, 800, 600)   # The desired position
41.    # plt.get_current_fig_manager().window.setGeometry(x, y, w, h)
42.    fig.set_size_inches(8, 6)
43.
44.    # plt.xlim(x_min, x_max)
45.    plt.ylim(0, 1800)
46.    plt.tick_params(labelsize =14)    # Scale font size
47.
48.    # plt.title('Weld thermal cycle', fontsize =20)
49.    plt.xlabel('焊缝长度 /mm', fontsize =20, fontproperties =font_set)
50.    plt.ylabel('温度 / $ ^\circ C $', fontsize =20, fontproperties =font_set)
51.
52.
53.    # ani.save('./plot /T-circle.gif', writer ='pillow')
54.    plt.savefig('./plot /T-circle-x.eps', bbox_inches ='tight')
55.    plt.savefig('./plot /T-circle-x.svg', bbox_inches ='tight')
56.    plt.savefig('./plot /T-circle-x.png', bbox_inches ='tight')
57.
58.    plt.show(block =True)
59.
```

第5章 稳态编程参考

5.1 主程序(mian)

```
60.from scipy import sparse
61.from scipy.sparse.linalg import spsolve
62.
63.from assemble.steady.assemble_A_matrix_1D_line import assemble_A_matrix_1D
_line
64.from assemble.steady.assemble_B_vector_1D_line import assemble_B_vector_1D
_line
65.
66.from boundary.steady.treat_boundary_1D_line import treat_boundary_1D_line
67.
68.
69.def solution_steady(
70.        domain,
71.        boundary,
72.        basis_trial,
73.        basis_test
74.):
75.
76.    # Stiffness matrix
77.    A_matrix=assemble_A_matrix_1D_line(
78.        domain,
79.        basis_trial,
80.        basis_test
81.    )
82.
83.    B_vector=assemble_B_vector_1D_line(
84.        domain,
85.        basis_test,
86.    )
87.
```

```
88.    # Dealing with boundary conditions:Dirichlet, Neumann, Robin
89.    [A_matrix, B_vector]=treat_boundary_1D_line(
90.        A_matrix,
91.        B_vector,
92.        domain,
93.        basis_trial,
94.        basis_test,
95.        boundary
96.    )
97.
98.    A_matrix=sparse.csc_matrix(A_matrix)
99.    B_vector=sparse.csc_matrix(B_vector)
100.
101.    solution_vector=sparse.linalg.spsolve(A_matrix, B_vector)
102.
103.    return solution_vector, A_matrix, B_vector
```

5.2　刚度矩阵与载荷向量组装函数（assemble）

5.2.1　初始化刚度矩阵函数（assemble_A_matrix_1D_line）

```
1.import numpy as np
2.
3.from function.steady.function_coefficient import function_coefficient
4.from assemble.assemble_matrix_1D_line import assemble_matrix_1D_line
5.
6.
7.def assemble_A_matrix_1D_line(
8.        domain,
9.        basis_trial,
10.        basis_test
11.):
12.
13.    # Assemble the stiffness matrix A
14.    N_basis_trial=basis_trial.N_global_basis   # domain.N_nodes
15.    N_basis_test=basis_test.N_global_basis   # domain.N_nodes
16.    A_matrix_size=np.array([[N_basis_trial, N_basis_test]])   # N_nodes =
size(P, 2)
```

```
17.
18.    function_coefficient_11 = function_coefficient
19.
20.    # basis_derivatives_x_trial = 1
21.    # basis_derivatives_x_test = 1
22.    basis_derivatives_11 = np.array([1, 1])
23.
24.    # Isotropy, anisotropy
25.    # Assemble the stiffness matrix A 01
26.    A_matrix_01 = assemble_matrix_1D_line(
27.        function_coefficient_11,
28.        domain,
29.        basis_trial,
30.        basis_test,
31.        A_matrix_size,
32.        basis_derivatives_11
33.    )
34.
35.    # Isotropy
36.    A_matrix = A_matrix_01
37.
38.    return A_matrix
```

5.2.2　初始化载荷向量函数(assemble_B_vector_1D_line)

```
1.from assemble.steady.assemble_vector_1D_line import assemble_vector_1D_
line
2.from function.steady.function_source import function_source
3.
4.
5.def assemble_B_vector_1D_line(
6.        domain,
7.        basis_test,
8.):
9.    N_basis_test = basis_test.N_global_basis  # domain.N_nodes
10.    B_vector_size = N_basis_test
11.
12.    # Assemble the vector B
13.    B_vector = assemble_vector_1D_line(
14.        function_source,
15.        domain,
```

```
16.          basis_test,
17.          B_vector_size,
18.          0
19.      )
20.
21.      return B_vector
```

5.2.3 载荷向量高斯积分累加函数(assemble_vector_1D_line)

```
1.import numpy as np
2.
3.from FE_basis.FE_basis_local_function_1D_line import FE_basis_local_func-
tion_1D_line
4.
5.
6.def assemble_vector_1D_line(
7.          coefficient_function,
8.          domain,
9.          basis_test,
10.          B_vector_size,
11.          basis_derivatives_boundary_test
12.):
13.
14.      # B = sparse(Nb_test)
15.      B_vector = np.zeros((B_vector_size, 1))
16.
17.      N_elements = domain.N_elements
18.
19.      N_local_function_test = basis_test.N_local_function
20.
21.      T_basis_test = basis_test.T_basis
22.      Jn = basis_test.Jn
23.
24.      N_Gauss_nodes = basis_test.N_Gauss_nodes_1D_line
25.
26.      Gauss_weights_local = basis_test.Gauss_weights_local
27.      Gauss_nodes_local = basis_test.Gauss_nodes_local
28.
29.      for i_elements in range(N_elements):
30.          for i_local_function_test in range(N_local_function_test):
31.
```

```
32.            integral_value: float = 0
33.
34.            for i_Gauss_nodes in range(N_Gauss_nodes):
35.                integral_value = \
36.                    integral_value \
37.                    + Gauss_weights_local[0, i_Gauss_nodes, i_elements] \
38.                    * coefficient_function(
39.                        Gauss_nodes_local[0, i_Gauss_nodes, i_elements],
40.                    ) \
41.                    * FE_basis_local_function_1D_line(
42.                        basis_test,
43.                        i_elements,
44.                        i_local_function_test,
45.                        i_Gauss_nodes,
46.                        basis_derivatives_boundary_test
47.                    )
48.
49.            # No in 1D
50.            # integral_value = integral_value * abs(Jn[0, i_elements])
51.
52.            i = T_basis_test[i_local_function_test, i_elements]
53.
54.            B_vector[i, 0] = B_vector[i, 0] + integral_value
55.
56.    return B_vector
```

5.3　边界向量组装函数(boundary)

5.3.1　边界向量编辑函数(treat_boundary_1D_line)

```
1.import numpy as np
2.
3.from function.steady.function_coefficient import function_coefficient
4.from function.steady.function_boundary_Dirichlet import function_boundary
5.# from function.function_boundary_Neumann import function_boundary
6.# from function.function_boundary_Robin import function_boundary
7.
8.
9.def treat_boundary_1D_line(
10.        A_matrix,
```

```
11.        B_vector,
12.        domain,
13.        basis_trial,
14.        basis_test,
15.        boundary
16.):
17.     # Boundary information matrix
18.     # boundary_nodes(1, k)=1: Dirichlet boundary node
19.     # boundary_nodes(1, k)=2: Neumann boundary node
20.     # boundary_nodes(1, k)=3: Robin boundary node
21.     # boundary_nodes(2, k): Element global number of the k-th boundary node
22.
23.     P_basis_trial=basis_trial.P_basis
24.     T_basis_trial=basis_trial.T_basis
25.     P_basis_test=basis_test.P_basis
26.     T_basis_test=basis_test.T_basis
27.     # N_basis=np.size(basis_test.P_basis, 1)
28.     N_local_function_trial=basis_trial.N_local_function
29.     N_local_function_test=basis_test.N_local_function
30.
31.     N_Gauss_nodes_1D_line=boundary.N_Gauss_nodes_1D_line
32.     boundary_nodes=boundary.boundary_nodes
33.     N_boundary_nodes=np.size(boundary_nodes, 1)
34.
35.     j_sign: int=0
36.
37.     for i_boundary_nodes in range(N_boundary_nodes):
38.
39.         #1: Dirichlet; 2: Neumann; 3: Robin
40.
41.         if boundary_nodes[0, i_boundary_nodes]==1:   # Dirichlet
42.
43.             i_nodes=boundary_nodes[1, i_boundary_nodes]
44.
45.             A_matrix[i_nodes, :]=0
46.             A_matrix[i_nodes, i_nodes]=1
47.
48.             A_matrix[i_nodes, :]=0
49.             A_matrix[i_nodes, i_nodes]=1
50.
51.             [q_Robin, g_Dirichlet]=function_boundary(
```

```
52.            P_basis_test[i_nodes],
53.            domain
54.        )
55.
56.        # # Analytic_solution function test
57.        # g_Dirichlet = function_analytic_solution(
58.        #     P_basis_test[i],
59.        #)
60.
61.        B_vector[i_nodes, 0] = g_Dirichlet
62.
63.    elif boundary_nodes[0, i_boundary_nodes] == 2:        # Neumann
64.
65.        # boundary nodes number
66.        i_nodes = boundary_nodes[1, i_boundary_nodes]
67.        # Neumann left: -1, right: 1
68.        j_orient = boundary_nodes[2, i_boundary_nodes]
69.        if j_orient == 11:
70.            j_sign = -1
71.        elif j_orient == 12:
72.            j_sign = 1
73.
74.        [q_Robin, r_Neumann] = \
75.            function_boundary(
76.                P_basis_test[i_nodes],
77.                domain
78.            )
79.
80.        B_vector[i_nodes, 0] = \
81.            B_vector[i_nodes, 0] \
82.            + \
83.            j_sign \
84.            * r_Neumann \
85.            * function_coefficient(
86.                P_basis_test[i_nodes]
87.            )
88.
89.        # # Neumann x_min and x_max
90.        # if boundary_nodes[0, :] == 2:
91.        #
92.        #     warnings.warn(
```

```
93.        #          'Neumann left and right.'
94.        #          'The solution is not unique!'
95.        #      )
96.        #
97.        #      break
98.
99.      elif boundary_nodes[0, i_boundary_nodes]==3:        # Robin
100.
101.         # Boundary nodes number
102.         i_nodes=boundary_nodes[1, i_boundary_nodes]
103.         # Robin left: -1, right: 1
104.         j_orient=boundary_nodes[2, i_boundary_nodes]
105.         if j_orient==11:
106.             j_sign=-1
107.         elif j_orient==12:
108.             j_sign=1
109.
110.         [q_Robin, p_Robin]=function_boundary(
111.             P_basis_test[i_nodes],
112.             domain
113.         )
114.
115.         A_matrix[i_nodes, i_nodes]= \
116.             A_matrix[i_nodes, i_nodes] + \
117.             j_sign \
118.             * q_Robin \
119.             * function_coefficient(
120.                 P_basis_test[i_nodes]
121.             )
122.
123.         B_vector[i_nodes, 0]= \
124.             B_vector[i_nodes, 0] \
125.             + \
126.             j_sign \
127.             * p_Robin \
128.             * function_coefficient(
129.                 P_basis_test[i_nodes]
130.             )
131.
132.
133.    return A_matrix, B_vector
```

5.4　参数方程（**function**）

5.4.1　解析方程 0 阶方程（function_analytic_solution）

```
1.from math import cos
2.
3.
4.def function_analytic_solution(x):
5.
6.    # s = 0
7.    analytic_solution = x * cos(x)
8.
9.    # s = 1
10.   # analytic_solution = cos(x) - x * sin(x)
11.
12.   return analytic_solution
```

5.4.2　解析方程 1 阶偏导方程（function_analytic_solution_prime）

```
1.from math import cos
2.
3.
4.def function_analytic_solution(x):
5.
6.    # s = 0
7.    # analytic_solution = x * cos(x)
8.
9.    # s = 1
10.   analytic_solution = cos(x) - x * sin(x)
11.
12.   return analytic_solution
```

5.4.3　边界条件方程（function_boundary）

```
1.from math import exp
2.from math import sin
3.from math import cos
```

```
4.
5.
6.def function_boundary(
7.      x,
8.      domain
9.):
10.     # E1: Dirichlet_x_min: u(0)=0;
11.     # Dirichlet_x_max: u(1)=cos(1)
12.     # E2: Dirichlet_x_min: u(0)=0;
13.     # Neumann_x_max: u_prime(1)=cos(1) - sin(1)
14.     # E3: Robin_x_min: u_prime(0) + u(0)=1;
15.     # Dirichlet_x_max: u(1)=cos(1)
16.
17.     x_min=domain.x_min
18.     x_max=domain.x_max
19.
20.     q_Robin: float=0.0
21.     result: float=0.0
22.
23.     if x==x_min:
24.         # Default q_Robin, coefficient of u(x)
25.         q_Robin=0
26.
27.         # Dirichlet x_min
28.         result=0
29.
30.         # Robin x_min
31.         # q_Robin=1; # Coefficient of u(x)
32.         # result=1;
33.
34.     elif x==x_max:
35.         # Default q_Robin, coefficient of u(x)
36.         q_Robin=0
37.
38.         # Dirichlet x_max
39.         result=cos(1)
40.
41.         # Neumann x_max \
42.         # result=cos(1) - sin(1);
43.
44.     return q_Robin, result
```

5.5 误差判定函数(error)

5.5.1 误差判定(get_errors_1D_line)

```
1.from error.steady.get_max_absolute_error_1D_line import get_max_absolute_
error_1D_line
2.from error.steady.get_L_infinity_error_1D_line import get_L_infinity_error_
1D_line
3.from error.steady.get_L_2_error_1D_line import get_L_2_error_1D_line
4.from error.steady.get_H_1_semi_norm_error_1D_line import get_H_1_semi_norm_
error_1D_line
5.
6.
7.def get_errors_1D_line(
8.      solution_vector,
9.      domain,
10.       basis_trial
11.):
12.
13.    # L_infinity norm error, s=infinity, L1
14.    max_absolute_error=get_max_absolute_error_1D_line(
15.       solution_vector,
16.       domain,
17.       basis_trial
18.    )
19.    print('Maximum absolute error          on mesh nodes: L1     =%10.
4E'
20.       % max_absolute_error)
21.
22.    # L_infinity norm error, s=infinity, L1
23.    L_infinity_norm_error=get_L_infinity_error_1D_line(
24.       solution_vector,
25.       domain,
26.       basis_trial
27.    )
28.    print('L_infinity norm error          on Gauss nodes: L-inf   =%10.
4E'
```

```
29.            % L_infinity_norm_error)
30.
31.    # L^2 norm error: s = 0,
32.    L_2_norm_error = get_L_2_error_1D_line(
33.        solution_vector,
34.        domain,
35.        basis_trial
36.    )
37.    print('Root square accumulation error      on Gauss nodes: L2      =%
10.4E'
38.            % L_2_norm_error)
39.
40.    # H^1 semi-norm error: s = 1
41.    # basis_derivatives_x_trial_s = 1
42.    H_1_semi_norm_error = get_H_1_semi_norm_error_1D_line(
43.        solution_vector,
44.        domain,
45.        basis_trial
46.    )
47.    print('First derivative accumulation error   on Gauss nodes: H1      =%
10.4E'
48.            % H_1_semi_norm_error)
49.
50.    return max_absolute_error, L_infinity_norm_error, L_2_norm_error, H_1_
semi_norm_error
```

5.5.2　最大绝对误差(get_max_absolute_error_1D_line)

估算所有元素数值解与解析解的最大差值,然后取其最大值作为最终值。

```
1. from function. transient. function _ analytic _ solution  import  function _
analytic_solution
2.
3.
4. def get_max_absolute_error_1D_line(
5.        solution_vector,
6.        domain,
7.        basis_trial
8. ):
9.    N_elements = domain.N_elements
10.
```

```
11.    P_partition=basis_trial.P_partition
12.    T_partition=basis_trial.T_partition
13.
14.    max_absolute_error: float=0   # Mean Absolute Error
15.
16.    for i_elements in range(N_elements):
17.
18.# 数值解,从解向量中取值
19.        uh_local_vector=solution_vector[T_partition[0, i_elements]]
20.
21.# function_analytic_solution 为解析解方程
22.        difference_value= \
23.            uh_local_vector \
24.            - function_analytic_solution(
25.                P_partition[i_elements]
26.            )
27.
28.        difference_value=abs(difference_value)
29.
30.        # sum_difference_value=sum_difference_value + difference_value
31.
32.        if max_absolute_error < difference_value:
33.            max_absolute_error=difference_value
34.
35.    # The last vertices
36.    uh_local_vector=solution_vector[T_partition[1, N_elements - 1]]
37.
38.    difference_value= \
39.        uh_local_vector \
40.        - function_analytic_solution(
41.            P_partition[N_elements]
42.        )
43.
44.    difference_value=abs(difference_value)
45.
46.    if max_absolute_error < difference_value:
47.        max_absolute_error=difference_value
48.
49.    return max_absolute_error
```

5.5.3　范数求解（FE_norm_error_local_function_1D_line）

为求解范数,循环每个单元 $k = 1, \cdots, N_{lb}$,每个单元中的每个高斯点 n,与每个测试基函数 ψ_{nk}。

$$w_n(x) = \sum_{k=1}^{N_{lb}} u_{T_b}(k, n) \psi_{nk}(x)$$

```
1.From FE_basis.FE_basis_local_function_1D_line import FE_basis_local_func-
tion_1D_line
2.
3.
4.def FE_norm_error_local_function_1D_line(
5.      uh_local_vector,
6.      basis_trial,
7.      i_elements,
8.      i_Gauss_nodes,
9.      basis_derivatives_trial_s
10.):
11.    N_local_trial=basis_trial.N_local_function
12.
13.    result: float = 0
14.
15.    for i_local_trial in range(N_local_trial):
16.
17.      result = \
18.          result \
19.          + uh_local_vector[i_local_trial] \
20.          * FE_basis_local_function_1D_line(
21.              basis_trial,
22.              i_elements,
23.              i_local_trial,
24.              i_Gauss_nodes,
25.              basis_derivatives_trial_s
26.          )
27.
28.    return result
```

5.5.4　L^∞ 误差（get_L_infinity_error_1D_line）

L^∞ 范数误差:

$$\begin{aligned}
\|u - u_h\|_\infty &= \sup_{x \in I} |u(x) - u_h(x)| \\
&= \max_{1 \leqslant n \leqslant N} \max_{x_n \leqslant x \leqslant x_{n+1}} |u(x) - u_h(x)| \\
&= \max_{1 \leqslant n \leqslant N} \max_{x_n \leqslant x \leqslant x_{n+1}} \left| u(x) - \sum_{k=1}^{N_{lb}} u_j \varphi_j \right| \\
&= \max_{1 \leqslant n \leqslant N} \max_{x_n \leqslant x \leqslant x_{n+1}} \left| u(x) - \sum_{k=1}^{N_{lb}} u_{T_b}(k,n) \psi_{nk}(x) \right|
\end{aligned}$$

```
1. from function. transient. function _ analytic _ solution import function _
analytic_solution
2. from error.steady.FE_norm_error_local_function_1D_line import FE_norm_error
_local_function_1D_line
3.
4.
5. def get_L_infinity_error_1D_line(
6.         solution_vector,
7.         domain,
8.         basis_trial
9. ):
10.     N_elements = domain.N_elements
11.
12.     T_basis = basis_trial.T_basis
13.
14.     N_Gauss_nodes = basis_trial.N_Gauss_nodes_1D_line
15.
16.     Gauss_nodes_local = basis_trial.Gauss_nodes_local
17.
18.     L_infinity_error: float = 0
19.
20.     sum_difference_value: float = 0
21.
22.     for i_elements in range(N_elements):
23.
24.         uh_local_vector = solution_vector[T_basis[:, i_elements]]
25.
26.         for i_Gauss_nodes in range(N_Gauss_nodes):
27.
28.             difference_value = \
29.                 function_analytic_solution(
30.                     Gauss_nodes_local[0, i_Gauss_nodes, i_elements]
31.                 ) \
```

```
32.                    - FE_norm_error_local_function_1D_line(
33.                        uh_local_vector,
34.                        basis_trial,
35.                        i_elements,
36.                        i_Gauss_nodes,
37.                        0
38.                    )
39.
40.                difference_value = abs(difference_value)
41.
42.                if L_infinity_error < difference_value:
43.                    L_infinity_error = difference_value
44.
45.
46.    return L_infinity_error
```

5.5.5　L^2 误差（get_L_2_error_1D_line）

L^2 范数误差：

$$
\begin{aligned}
\| u - u_h \|_0 &= \sqrt{\int_I (u - u_h)^2 \mathrm{d}x} \\
&= \sqrt{\sum_{n=1}^{N} \int_{x_n}^{x_{n+1}} (u - u_h)^2 \mathrm{d}x} \\
&= \sqrt{\sum_{n=1}^{N} \int_{x_n}^{x_{n+1}} \left(u - \sum_{k=1}^{N_{lb}} u_j \varphi_j \right)^2 \mathrm{d}x} \\
&= \sqrt{\sum_{n=1}^{N} \int_{x_n}^{x_{n+1}} \left(u - \sum_{k=1}^{N_{lb}} u_{T_b}(k,n) \psi_{nk}(x) \right)^2 \mathrm{d}x}
\end{aligned}
$$

```
1.from math import pow
2.from math import sqrt
3.
4. from function. transient. function _ analytic _ solution  import function _
analytic_solution
5.from error.steady.FE_norm_error_local_function_1D_line import FE_norm_error
_local_function_1D_line
6.
7.
8.def get_L_2_error_1D_line(
9.        solution_vector,
10.        domain,
```

```
11.        basis_trial
12.  ):
13.      N_elements = domain.N_elements
14.
15.      N_Gauss_nodes = basis_trial.N_Gauss_nodes_1D_line
16.
17.      T_basis = basis_trial.T_basis
18.
19.      Gauss_weights_local = basis_trial.Gauss_weights_local
20.      Gauss_nodes_local = basis_trial.Gauss_nodes_local
21.
22.      L_2_error: float = 0
23.
24.      Jn = basis_trial.Jn
25.
26.      for i_elements in range(N_elements):
27.
28.          uh_local_vector = solution_vector[T_basis[:, i_elements]]
29.
30.          integral_value: float = 0
31.
32.          for i_Gauss_nodes in range(N_Gauss_nodes):
33.
34.              integral_value = \
35.                  integral_value \
36.                  + Gauss_weights_local[0, i_Gauss_nodes, i_elements] \
37.                  * pow(
38.                      (
39.                          function_analytic_solution(
40.                              Gauss_nodes_local[0, i_Gauss_nodes, i_ele-
ments]
41.                          )
42.                          -
43.                          FE_norm_error_local_function_1D_line(
44.                              uh_local_vector,
45.                              basis_trial,
46.                              i_elements,
47.                              i_Gauss_nodes,
48.                              0
49.                          )
50.                      ),
```

```
51.                    2
52.                )
53.
54.        integral_value = integral_value    # * abs(Jn[0, i_elements])
55.
56.        L_2_error = L_2_error + integral_value
57.
58.    L_2_error = sqrt(L_2_error)
59.
60.    return L_2_error
```

5.5.6 H^1 误差($get\_H\_1\_semi\_norm\_error\_1D\_line$)

H^1 半范数误差：

$$
\begin{aligned}
|u - u_h|_1 &= \sqrt{\int_I (u' - u'_h)^2 \mathrm{d}x} \\
&= \sqrt{\sum_{n=1}^{N} \int_{x_n}^{x_{n+1}} (u' - u'_h)^2 \mathrm{d}x} \\
&= \sqrt{\sum_{n=1}^{N} \int_{x_n}^{x_{n+1}} \left(u' - \sum_{k=1}^{N_{lb}} u_j \varphi'_j\right)^2 \mathrm{d}x} \\
&= \sqrt{\sum_{n=1}^{N} \int_{x_n}^{x_{n+1}} \left(u' - \sum_{k=1}^{N_{lb}} u_{T_b}(k,n) \psi'_{nk}(x)\right)^2 \mathrm{d}x}
\end{aligned}
$$

```
1.import numpy as np
2.from numpy.linalg import norm
3.from math import sqrt
4.
5.from error.steady.FE_norm_error_local_function_1D_line import FE_norm_error
_local_function_1D_line
6.from function.transient.function_analytic_solution_prime import function_
analytic_solution_prime
7.
8.
9.def get_H_1_semi_norm_error_1D_line(
10.        solution_vector,
11.        domain,
12.        basis_trial
13.):
14.    N_elements = domain.N_elements
15.
```

```
16.      T_basis=basis_trial.T_basis

17.

18.      N_Gauss_nodes=basis_trial.N_Gauss_nodes_1D_line

19.

20.      Gauss_weights_local=basis_trial.Gauss_weights_local

21.      Gauss_nodes_local=basis_trial.Gauss_nodes_local

22.

23.      Jn=basis_trial.Jn

24.

25.      H_1_semi_error: float=0

26.

27.      for i_elements in range(N_elements):

28.

29.          uh_local_vector=solution_vector[T_basis[:, i_elements]]

30.

31.          integral_value: float=0

32.

33.          for i_Gauss_nodes in range(N_Gauss_nodes):

34.

35.              function_analytic_solution_prime_dx=\

36.                  function_analytic_solution_prime(

37.                      Gauss_nodes_local[0, i_Gauss_nodes, i_elements]

38.                  )

39.

40.              f_prime=\

41.                  np.array(

42.                      [

43.                          function_analytic_solution_prime_dx

44.                      ]

45.                  )

46.

47.              solution_vector_prime_x=\

48.                  FE_norm_error_local_function_1D_line(

49.                      uh_local_vector,

50.                      basis_trial,

51.                      i_elements,

52.                      i_Gauss_nodes,

53.                      1

54.                  )

55.

56.              solution_vector_prime=\
```

```
57.              np.array(
58.                  [
59.                      solution_vector_prime_x,
60.                  ]
61.              )
62.
63.          difference_value = norm( f_prime - solution_vector_prime)
64.
65.          integral_value = \
66.              integral_value \
67.              + Gauss_weights_local[0, i_Gauss_nodes, i_elements] \
68.              * difference_value ** 2
69.
70.      integral_value = integral_value # * abs(Jn[0, i_elements])
71.
72.      H_1_semi_error = H_1_semi_error + integral_value
73.
74.  H_1_semi_error = sqrt(H_1_semi_error)
75.
76.  return H_1_semi_error
77.
78.
79.from math import cos
80.
81.
82.def function_analytic_solution(x):
83.
84.    # s = 0,解析解示例
85.    analytic_solution = x * cos(x)
86.
87.    # s = 1,解析解一阶偏导示例
88.    # analytic_solution = cos(x) - x * sin(x)
89.
90.    return analytic_solution
91.
92.
93.from math import sin
94.from math import cos
95.
96.
97.def function_analytic_solution_prime(x):
```

```
98.
99.    # s = 0
100.   # analytic_solution = x. * cos(x);
101.
102.   # s = 1
103.   analytic_solution_prime = cos(x) - x * sin(x)
104.
105.   return analytic_solution_prime
```